第三階段

口語應用問題教材

盧台華◆著

授權複印之限制

■ 作者簡介 ■

盧台華

現職：國立台灣師範大學特殊教育系教授

學歷：國立政治大學教育系文學學士

美國奧勒岡大學特殊教育系教育碩士

美國奧勒岡大學特殊教育系哲學博士

經歷：台北市立明倫國中特殊教育教師、兼任組長

國立台灣師範大學特殊教育中心助理研究員、兼任組長

國立台灣師範大學特殊教育系副教授

專長：特殊教育課程與教學

智能障礙教育

學習障礙教育

資賦優異教育

近五年間主要專書著作：

Chen, Y. H., & Lu, T. H.(1994). Special education in Taiwan, ROC. In M. Winzer, & K. Mazurek,(Eds.). *Comparative studies in special education*. p.238-259. Washington, D.C.: Galludet University.

盧台華等譯（1994）**管教孩子的 16 高招——行為改變技術實用手冊**（第一冊、第二冊、第三冊），台北：心理出版社。

盧台華（1995）資優教育教學模式之選擇與應用，載於**開創資優教育的新世紀**，中華民國特殊教育學會，105-121 頁。

盧台華（1995）教學篇。載於**國小啓智教育教師工作手冊**。國立台北師範學院特殊教育中心。

盧台華（1995）**修訂基礎編序教材相關因素探討及對身心障礙者應用成效之比較研究**。台北：心理出版社。

盧台華（1998）身心障礙學生課程教材之研究與應用。載於**身心障礙教育研討會會議實錄**。國立台灣師範大學特殊教育系。

盧台華（1998）特定族群資優學生之鑑定，載於**慶祝資優教育成立二十五週年研討會論文專輯**。中華民國特殊教育學會。

盧台華（2000）身心障礙資優生身心特質之探討。載於**資優教育的全方位發展**。台北：心理出版社。

盧台華（2000）國小統整教育教學模式學習環境之建立與應用。載於**資優教育的全方位發展**。台北：心理出版社。

■自　序■

數學可分為純數學與真實生活的數學兩部分。以應用問題「10 英吋的木塊可以切割成幾塊 2 英吋大小的木塊？」為例，純數學的答案是 5 塊，但在真實生活中卻只能切割成 4 塊，剩下的一塊會因切割過程木屑的損失而不到 2 英吋。前者多半出現在一般發展性的課程中，後者則為功能性課程，或稱實用數學。對數學學習困難的學生而言，未來能從事以純數學為基礎發展的生涯可能相當有限，因此能有效解決日常生活問題的功能性或真實生活的數學對其可能更形重要。且在即將全面實施之「九年一貫課程」的精神與內涵上，亦強調將各科課程統整應用於實際生活中。本套教材即為採功能性與真實生活數學的課程，以教導日常生活中的數學概念與應用問題為主，頗為符合一般兒童與特殊兒童的需要。

本教材的前身為師大特殊教育中心在民國七十七年參考八〇年代美國風行的「Project Math」編訂出版之「基礎數學編序教材」。後因教材已無存量然需求甚殷，筆者在民國八十三年起又作了更大幅度的修正，以符合國內的生態，並增加了「口語應用問題教材」。在「基礎數學概念編序教材」部分係採用「多元選擇課程」方式，不但提供了十六種不同的教師與學生互動之教學型態，更融合了數學概念、運算技巧和社會成長的數學教學目標為一體，可適用於幼稚園至國小六年級的學生及心齡四歲至十二歲的智障、學障、情障或其他類別障礙與普通之學生。整套概念教材包括教師手冊、評量表、教材、作業單四部分並分成四個階段，以採用非紙筆測驗的方式評量學生對概念與技巧的了解及應用程度，更將評量與教學內容緊密的結合在一起，頗符合「形成性評量」與「課程本位評量」的教學原則。「口語應用問題教材」部分則搭配概念教材的難易結構分為四個階段，以日常生活間數學常出現之方式提供各類問題，並融入語文、生活教育、社會適應、休閒教育與職業生活等領域相關的內涵，除著重解題歷程與學習策略的教導外，對統整課程與實際應用數學的技巧有相當之助益。

本教材之修訂歷經了七年，除有鄭雪珠、史習樂、楊美玉、單無雙、韓梅玉、洪美連與張美都等資深優良的特教教師與認真負責的研究助理周怡雯的熱忱參與初期修訂外，之後又有許多本人教導過的大學部與碩士班學生繼續參與修訂的工作。最近一年間本人並將所有內容重新再整理，將其中與現況不合、文筆不一與部分錯誤再加以增刪與修訂。此外，「基礎數學概念編序教材」部分曾經本人實驗應用於智障、學障、聽障等十九所國中小特殊需求學生一年，而「口語應用問題教材」亦經本人指導洪美連老師實際應用於聽障國小生部分半年，成效均相當良好，使本人更有信心將此套教材出版。

在教材即將出版之際，除特別感謝曾經參與編輯、實驗等人員與邱上真教授對初稿審查付諸之心力外，並謹向教育部與國科會資助使本教材能更臻完善致謝，同時要向一直殷切等待教材出版的特殊教育教師與伙伴們致上最深之歉意，但願本套教材能成為各位最佳之教學參考。

盧台華 謹識

民國九十年八月

■目　錄■

使用說明

教材單元

附錄

使用說明

壹、口語應用問題教材簡介

「口語應用問題教材」是為統整「基礎數學概念編序教材」課程中各階段的概念而設計的。教材內容依編序方式安排設計，強調採生動活潑化的教材教法與具體化經驗的方式，以提供學生將數學概念之學習應用於解決問題的活動中，俾克服兒童對數學概念、計算與應用的學習困難。

本套教材適用於學前至小學六年級的各類特殊需求學生，亦可做為一般學生數學應用問題教學的補充教材。教材內容共分成四個階段，各階段適用之年齡與年級如表一所列。第一階段與第二階段的重點在於利用生動活潑而富吸引力的故事圖片，呈現有關的數學應用問題，透過實際操作與理解數學問題之活動，俾利解決各種應用問題，並訓練兒童對回答有關量的問題所需要的重要常識或訊息加以注意，培養兒童的閱讀能力，以為日後學習之基礎。第三階段與第四階段則教導如何解答書寫性與文字性的數學應用問題，並提供各種不同語彙程度且與生活經驗和社交技巧有關的文字應用問題練習與選擇的機會，以協助兒童解決數學的問題。

表一　口語數學應用問題各階段適用的年齡一覽表

階段別	相當心理年齡	相當年級
一	4～6 歲	學前～1
二	6～8 歲	1～2
三	8～10 歲	3～4
四	10～12 歲	5～6

口語應用數學問題的解決不只是問題解決的一種類型，更是特殊需

求兒童數學解題教育中不可或缺的一環，因此教師在教學時可針對本教材內容架構加以擴充，依據學生的個別狀況與學習經驗彈性調整教學活動，透過各種不同的教材及活動實施，俾使學生能藉由多元化的教學方式學習正確解決數學問題的方法，進一步將所學的概念有效應用於真實生活中，以達到問題解決、推理和溝通的功能。

貳、教材內容

(一)單元組織

第三階段的口語應用問題教材共有 175 個單元，其中，每個單元的答案欄印在數學問題的下面。

此階段單元活動的排列均依據計算技能、閱讀的難易程度、各種訊息呈現的種類以及主題類型等的不同加以組合，形成單元教學的呈現與教學順序。附錄 1 是針對分析各階段特點所整理出的單元組織一覽表，教師可由此處得知各單元之學習目標與特性，進而判斷、選擇各類不同的單元，以利教學順利進行。例如：第 21 單元是一位數加法不進位的計算，閱讀的難易程度屬於較不困難的程度，每一個問題都是以單獨段落的方式呈現，而問題的主題則是不包含金錢使用範圍的各類問題。茲分別說明單元組織特性如下：

1.活動單元的類型

(1)段落式應用問題

此類型的每個問題都是一個獨立的段落，需單獨計算並解決問題，如附錄 2。

⑵故事式應用問題

此類型的各種訊息都呈現在包含兩段或更多段落所敘述的一個統整之故事情節中。當讀者讀完整個故事時，即需針對故事中的各種訊息，仔細分析其相關的數學問題，並加以解決之，如附錄3。

⑶展示式應用問題

此類型的問題皆是以圖片展示之方式呈現，讀者必須解決每個相關之數學問題，並配合展示之圖片資料有效解決各應用問題，如附錄4。

2.閱讀難易程度

對許多學習第三階段口語應用問題教材的學生而言，他們的閱讀能力也許並不佳，因此本教材的應用問題有簡單與複雜兩種閱讀程度可以提供學生去閱讀，其中簡單的單元大約是二年級的閱讀程度，複雜的單元則大約在四年級的程度；所以老師在教學時應該要依學生的能力，判斷、選擇出適合的單元以教導個別的學生。

3.單元主題

本教材各單元的問題主要有「金錢」之主題以及非金錢領域的其他「各類」主題；教師進行本教材教學時務必把握盡量提供與問題解決相類似之情境的原則，俾使學生藉由具體經驗遷移至單元問題之學習，而能容易地學會解決各種有關之數學應用問題，並能類化於日常生活中。

㈡教材特色與教學策略

本教材強調數學應用問題的解決是一種訊息處理之活動，而不應僅著重在計算技能的練習而已，因此教師應著重了解並分析學生在解題過程中所出現的錯誤行為，針對各解題歷程評量結果，做為教學實施之參考依據。本套教材第三階段的各單元應用問題解決不僅可培養語言和認知之能力，亦可訓練學生選擇並運用正確訊息去解決問題之技能，其中包括處理多餘的訊息、重新組織問題情境的意義與順序、比較數量和金錢、完成問題的空格而成為完整的問題、處理否定和無意義的文字等。教師在教學過程中，唯有不斷觀察學生解題之表現，才能增進其有效解題之表現。以下分別說明各項問題解決技能之教學策略：

1. 多餘訊息

如下列例題一中，雖然此問題同時呈現出汽車與卡車，但是正確的答案卻只需要學生去注意汽車的數量；至於卡車的數量則是屬多餘之訊息，必須將它過濾掉。如果學生把三個數目都加起來，即表示他仍然不懂題意。此類問題的教學活動可如第一、二階段之教學，多利用圖片來實際操作練習，以訓練學生處理多餘訊息的能力。

【例題一】 小華星期日洗了 24 輛汽車和 12 輛卡車，他的哥哥大偉洗了 6 輛汽車，請問這兩個兄弟共洗了多少輛汽車？

另一種幫助學生處理多餘訊息的教學策略則是利用不定數量（一些、許多、很多……等）與圖片的結合，以減少學生分心之現象，俾利其專心思考並能過濾多餘之訊息，如以下例題二：

【例題二】 有這些女孩在這艘船上，
有這些小狗在這艘船上，
有這些男孩在這艘船上，
請問共有多少人在這艘船上？

第三種幫助學生處理多餘訊息的教學策略即是要求學生再重讀一次數學問題，思考並篩選出哪些訊息是需要的，哪些訊息是不需要的，並透過教師提醒與引導問題重點之所在，使學生更清楚題意。

2. 組織事件的意義與順序

計算方式是學生經過判斷後所選擇的問題解決方法，不管使用哪一種方式來解題，兒童均必須對題意有所了解，對事件發生的順序也要有某種程度的認知技巧。如下列例題三所描述的事件先後順序與實際上整個事件之進行順序是平行的，學生必須能發現 375 個郵件已經隨著故事的發生而分成兩個部分，亦即 375 分成了「122」和「剩餘」的郵件，而題目的意思即是要找出其中的一個部分，學生必須使用減法才能算出剩餘的郵件：

【例題三】 今天郵差有 375 個郵件要送，到了中午的時候，郵差已經送出 122 個郵件，請問下午的時候，郵差還有多少個郵件必須送出去？

另一種問題事件之描述如下列例題四，與例題三不同的是，此類型題目所描述事件之發生先後順序正好與真正事件之先後順序相反，學生必須根據題意向前推理，找出事件發生之最開端，亦即學生必須能使用加法將分開的兩部分（253, 122）合起來，計算出原來的部分：

【例題四】 郵差在送完 253 個郵件之後，還有 122 個郵件必須送出去，請問郵差原來有多少個郵件要送？

此外，下列例題五的事件順序描述與例題三是相似的，亦即皆順著事情發生的先後來描述，而不同之處則是此題在故事的前面（或中間）部分漏失了某些訊息，而不像前面兩個例題是要找出最後所欠缺的部分。例題五的重要關鍵字是「總共」，暗示整個題目若以數字來表示是□＋3＝9，學生必須會使用減法算出空格部分；此時，教師可視情況所需在必要時指導學生利用數數、操作或改變加法式子而轉換成減法的句子……等方式，以幫助學生順利解決數學問題：

【例題五】 林老闆星期日有一些應酬，星期一也有 3 個應酬，這兩天他總共有 9 個應酬，請問林老闆星期日有幾個應酬呢？

3.比較數量與金錢

本教材提供許多與日常生活情境有關之「較多／較少」、「大於／小於」、「多於／少於」等數學問題，學生可藉此比較各種數量或金錢之多寡；教師亦應利用各種教法，依具體→半具體→抽象之學習順序引導學生真正有效解決問題，並多提供機會使其能類化於日常生活情境中。

4.完成空格

此類問題之形式有異於一般傳統的應用問題，學生如果要能正確回答問題，則必須根據上下文所提之各數量來加以判斷，才能選出適當的選項。在下列例題六中，學生必須能觀察出 6 ＋ 4 ＝ 10 的關係，注意到數字 3 只是造成分心之數字，然後再選出正確的選項，使整個問題敘述合理而完整。如果學生選「賣」而不是選「試穿」，表示學生已經可以注意到多餘的訊息，但是他對語言結構之完整性認知能力仍不夠，需再加強；如果選「買」一項，表示學生仍無法處理多餘的訊息，此時教師即必須有耐心地解釋題意，引導學生學習推理、判斷的能力。

【例題六】 小莉在衣服大拍賣時買了 6 件襯衫，（　）了 3 件裙子，買了 4 條長褲。小莉總共買了 10 件衣服。
①買　②賣　③試穿

5. 否定句問題

第三階段口語應用問題教材提供了許多讓學生處理表達否定意義訊息的數學問題解決之機會。一般而言，理解與解決否定意義之數學問題通常對某些學生而言相當困難，如果教師引導學生用另一種角度來思考問題，或鼓勵學生說出他們認為題目所要表達的意思，並了解學生對訊息理解之程度，將有助於解決這種類型的題目。下列為此類型之例題：

【例題七】 王先生在菜園裡種了 9 排玉米，後來他摘走 8 排玉米，請問有多少排玉米還沒被摘走？

【例題八】 王先生拔了 7 棵蔬菜要做沙拉，有 2 棵蔬菜是紅色的，4 棵是白色的，請問有多少棵蔬菜既不是紅色也不是白色的？

6. 無意義的故事情節

本教材有很多單元的問題敘述是無意義的句子，主要是為了讓學生在故事情節中練習找出問題的前後關係與重點所在，因此教師可以鼓勵學生利用畫圖或其他策略來解釋題目之意思，以幫助解題。

㈢教材的應用

1. 本階段各個單元的特色與組織如前所述，教師必須了解這些特色，充分利用教材組織一覽表以決定哪些單元適合使用。
2. 教師可以依學生、教室的情況來選擇小組或個別的教學方式，運用以上所述的各種教學策略來教導學生解決數學應用問題。
3. 教師可以影印單元題目給學生當作業單，當學生拿到題目時，必須在另一張紙或作業簿上寫出計算的過程和答案。
4. 各單元問題之答案印在問題的下面，教師可以依據學生之程度決定批改問題解答之方式；若學生程度較低，則建議由教師親自批閱其作業；若學生有能力自己檢討作答，為協助其獨立學習之能力，則建議允許學生自己核對答案。
5. 教師可將學生在第三階段各單元之學習成果記錄在附錄 5 表中，以整體比較、了解學生學習之效果。若通過題數達該單元總題數的 80 %以上者，即在記錄紙空白處打勾；若第二次始達 80 %標準者，則在空白處填寫通過日期。

教材單元

單元 1

梳頭髮(一)

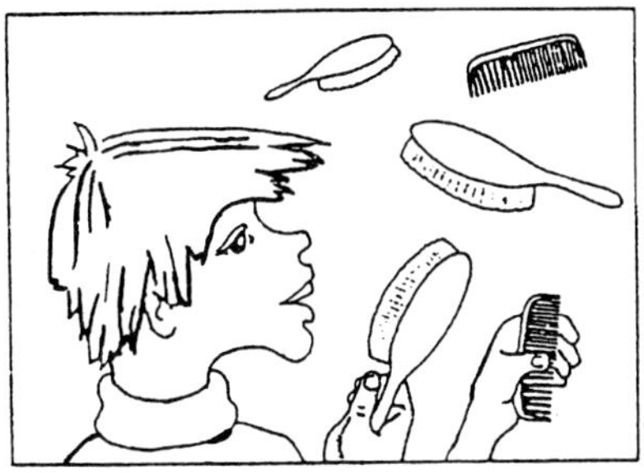

：這是髮刷　：這是梳子

1. 直頭髮的男孩有（　　）支大的髮刷。
2. 捲頭髮的男孩有（　　）支大的髮刷。
3. 誰的大髮刷較多呢？多出幾支？
4. 這二個男孩共有多少支大梳子呢？
5. 直髮的男孩共有多少支髮刷呢？
6. 數一數捲髮男孩有多少件梳髮用品？
   數一數直髮男孩有多少件梳髮用品？
   誰的梳髮用品比較多？多出多少呢？
7. 捲髮男孩有幾支梳子呢？
   直髮男孩有幾支梳子呢？
   捲髮男孩的梳子數是不是比直髮男孩的梳子數多呢？
8. 捲髮男孩有多少件梳髮用品「不是」梳子呢？

答案：*1.* 2　*2.* 1

3. 直頭髮的男孩，多一支　*4.* 1支

5. 3支　*6.* 5件，5件，一樣多

7. 2支，2支，一樣多　*8.* 3件

單元 2

糖果(一)

1. 如果小朋友乖的話，女醫生就會給他們棒棒糖或軟糖。請問這位女醫生有多少顆軟糖呢？
2. 如果小朋友乖的話，女警察就會給他們棒棒糖或軟糖。請問這位女警察有多少顆軟糖呢？
3. 這二個女人共有多少顆大的軟糖呢？
4. 這位女醫生共有多少個大的糖果呢？
5. 這位女警察共有多少個小的糖果呢？
6. 這位女醫生共有多少支棒棒糖呢？
   這位女警察共有多少支棒棒糖呢？
   誰的棒棒糖比較多？多出幾支呢？
7. 這位女醫生共有多少個小的糖果呢？
   這位女醫生又有多少個大的糖果呢？
   她有比較多的大糖果或小糖果呢？
8. 假如女警察又再多買了 4 顆大軟糖，那麼她共有多少顆大軟糖？現在她的大軟糖比小軟糖多出幾顆呢？

答案：*1.* 3 顆　　*2.* 2 顆

3. 3 顆　　*4.* 3 個

5. 3 個　　*6.* 2支，3支，女警察，多1支

7. 2 個，3 個，有較多的大糖果

8. 5 顆，4 顆

單元 3

運動競賽(一)

1. 女爬桿手因為在爬桿上支撐了 3 小時而贏得這些獎，請問她共贏得（　　）個小的獎章？

2. 男爬桿手因為在爬桿上支撐了 5 小時而贏得這些獎，請問他共贏得（　　）個小的獎章？

3. 誰贏得的小獎章比較多呢？多出幾個呢？

4. 二人共贏得幾個大的獎杯呢？

5. 算一算女爬桿手共贏得幾個獎章呢？
算一算男爬桿手共贏得幾個獎章呢？
誰贏得的獎章比較多？多出幾個？

6. 男爬桿手共贏得幾個獎杯呢？
女爬桿手共贏得幾個獎杯呢？

7. 誰贏得比較多的獎杯呢？多出幾個呢？

8. 如果女爬桿手又贏了 3 個小獎杯，那麼她到底贏了幾個小獎杯呢？
她比男爬桿手多贏了幾個小獎杯呢？

答案：*1.* 2　　*2.* 2

3. 一樣多，0 個　　*4.* 2 個

5. 4 個，3 個，女爬桿手贏的獎章較多，1 個

6. 3 個，2 個　　*7.* 男爬桿手贏得較多獎杯，1 個

8. 4 個，2 個

單元 4

象的食物(一)

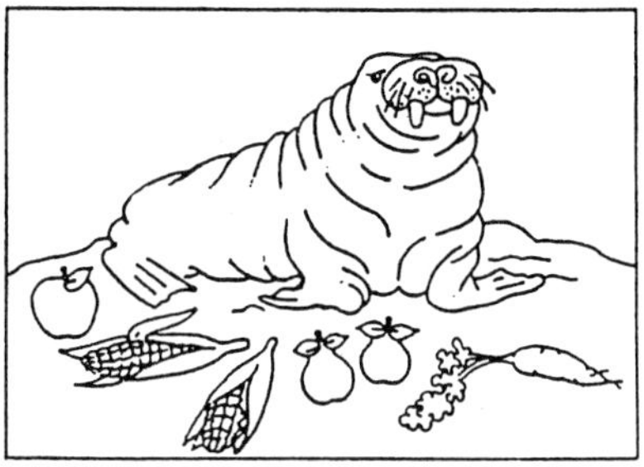

1. 短牙的海象很喜歡吃東西，牠有（　　）根玉米可以吃。

2. 短牙的大象也很喜歡吃東西，牠有（　　）根玉米可以吃。

3. 這些動物共有（　　）根玉米可以吃。

4. 大象總共有幾個水果可以吃呢？

5. 海象總共有幾棵蔬菜可以吃呢？

6. 海象有幾個梨子可以吃呢？

大象共有幾棵蔬菜可以吃呢？

海象有較多的梨子或蔬菜呢？多出多少呢？

7. 哪一種動物有較多的食物可以吃？

牠有幾個食物呢？

8. 假如海象又得到了 3 棵蘿蔔，那牠總共有多少棵蔬菜？有多少個水果呢？

答案：*1.* 2　　*2.* 1

3. 3　　*4.* 4個

5. 3棵　　*6.* 2個，2棵，蔬菜較多，多1個

7. 一樣多的食物，都各有6個食物可以吃

8. 6棵，3個

單元 5

大胃王(一)

：這是蛋糕；：這是漢堡；：這是冰淇淋；：這是熱狗

1. 老鼠先生在表演之後感到非常餓，所以他就吃了（　　）個熱狗及（　　）個冰淇淋當午餐。
2. 小熊先生老是覺得餓，於是他便吃了（　　）個漢堡及（　　）個蛋糕當午餐。
3. 老鼠先生和小熊先生共吃了幾個漢堡？
4. 老鼠先生或小熊先生誰吃較多的甜點呢？多出幾個？
5. 小熊先生吃了多少個肉類食物呢？
6. 數一數小熊先生共吃了多少個甜點？
   數一數老鼠先生共吃了多少個肉類食物？
   小熊先生所吃的甜點數比老鼠先生吃的肉類食物少了多少個？
7. 老鼠先生吃了多少個東西當午餐？
   小熊先生吃了多少個東西當午餐？
   假設你要讓他們兩人有同樣數目的東西可吃，那你該給誰東西呢？

給多少個呢？

8. 除了蛋糕，還有多少個東西是可以吃的呢？

除了熱狗，還有多少個東西是可以吃的呢？

答案：

1. 2，3
2. 2，2
3. 2 個
4. 老鼠先生，多 1 個
5. 2 個
6. 2 個，2 個，一樣多
7. 5 個，4 個，給小熊先生 1 個東西
8. 7 個，7 個

單元 6

梳頭髮(二)

：這是髮刷　：這是梳子

1. 捲髮的小男生有幾支大梳子呢？
2. 捲髮的小女生有幾支大梳子呢？
3. 誰的大梳子比較多？多出幾支呢？
4. 二人共有幾支髮刷呢？
5. 捲髮的小女孩共有幾支小梳子呢？
6. 這個小女生有多少支梳子呢？
   這個小男生有多少支梳子呢？
   誰的梳子比較多？多出幾支呢？
7. 這個小男生有幾支小髮刷呢？
   這個小男生有幾支小梳子呢？
   這個小男生有較多的小梳子或小髮刷呢？多出幾支呢？
8. 如果這個小女生多買了 2 支大梳子，那麼她共有幾支大梳子？
   她的大梳子比男孩的大梳子多出幾支呢？

答案：*1.* 1 支　　*2.* 2 支

3. 小女生，多 1 支　　*4.* 4 支

5. 0　　*6.* 2 支，3 支，小男生，多 1 支

7. 1 支，2 支，小梳子，1 支　　*8.* 4 支，3 支

單元 7

糖果(二)

醫生有時會給乖巧聽話的病人一些軟糖或棒棒糖。

1. 女醫生有（　　）支小的棒棒糖。

2. 男醫生有（　　）支小的棒棒糖。

3. 男醫生有（　　）顆軟糖。

4. 女醫生有（　　）支棒棒糖。

5. 男、女醫生共有（　　）顆小的軟糖。

6. 女醫生有多少大的糖果？

男醫生有多少大的糖果？

二人共有多少大的糖果？

7. 男醫生有幾支大的棒棒糖呢？

女醫生有幾顆大的軟糖呢？

男醫生的大棒棒糖多，還是女醫生的大軟糖比較多呢？

8. 男醫生有多少不是棒棒糖的糖果呢？

女醫生有多少不是小的糖果呢？

答案：*1.* 2　　*2.* 1

3. 4　　*4.* 3

5. 4　　*6.* 2 個，5 個，7 個

7. 2 支，1 顆，男醫生　　8. 4 個，2 個

單元 8

運動競賽(二)

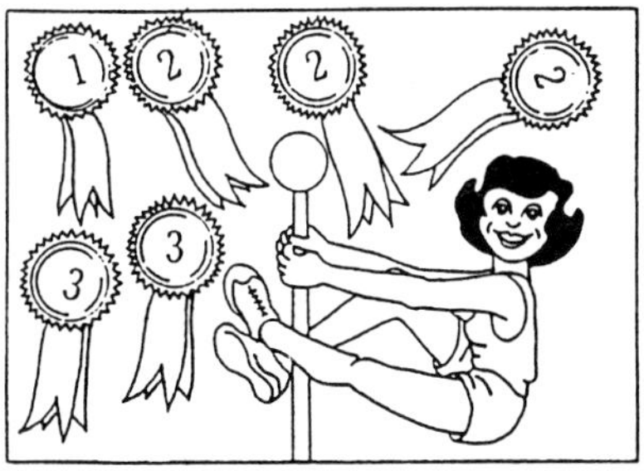

1. 女跳繩手因跳繩而得了許多獎章，她共得到（　　）個第一名。

2. 女爬桿手也因爬桿而得了許多獎章，她共得到（　　）個第一名。

3. 女跳繩手比女爬桿手多得了幾個第一名呢？

4. 女爬桿手共得了幾個獎？

5. 二人共得了幾個獎？

6. 女爬桿手共得了幾個第三名？
女跳繩手共得了幾個第三名？
誰得的第三名比較多？多了幾個？

7. 數一數女爬桿手共得到幾個第二名？
數一數女跳繩手共得到幾個第一名？
如果女跳繩手第一名的獎章數要和女爬桿手第二名的獎章數一樣多，
那麼女跳繩手需再多得幾個第一名？

8. 二人贏得的獎章中，有幾個獎章既不是第一名也不是第三名呢？

答案：*1.* 2　　*2.* 1

3. 1 個　　*4.* 6 個

5. 12 個　　*6.* 2 個，3 個，女跳繩手，1 個

7. 3 個，2 個，1 個　　*8.* 4 個

單元 9

象的食物(二)

1. 長牙大象喜歡吃蘋果，牠有（　　）個蘋果可以吃。

2. 短牙大象喜歡吃蔬菜，牠有（　　）棵蔬菜可以吃。

3. 短牙大象有（　　）個水果可以吃。

4. 長牙大象有（　　）個水果可以吃。

5. 長牙大象和短牙大象哪一個有比較多的水果可以吃？
多出幾個水果呢？

6. 數一數長牙大象有多少根玉米可以吃？
數一數短牙大象有多少根玉米可以吃？
這些大象共有多少根玉米可以吃？

7. 短牙的大象有幾個水果？
短牙的大象有幾棵蔬菜？
如果要使水果和蔬菜的個數相同，需要再給多少個水果？

8. 長牙大象吃掉了 1 個蘋果及 1 個梨子，那麼牠還有幾個水果？
還有多少個可以吃的東西呢？

答案：*1.* 2 *2.* 5

3. 3 *4.* 4

5. 長牙大象，1 個 *6.* 1 根，3 根，4 根

7. 3 個，5 棵，2 個 *8.* 2 個，5 個

單元 10

大胃王㈡

：這是蛋糕；：這是漢堡；：這是冰淇淋；：這是熱狗

1. 老鼠先生吃了（　　）個冰淇淋、（　　）個蛋糕、（　　）個漢堡及（　　）條熱狗當午餐。
2. 老鼠小姐吃了（　　）個冰淇淋、（　　）個蛋糕，（　　）個漢堡及（　　）條熱狗當午餐。
3. 老鼠先生共吃了多少個甜點呢？
4. 老鼠小姐共吃了多少個肉類食物呢？
5. 誰吃的漢堡比較多？多了幾個？
6. 老鼠小姐還需要幾個蛋糕，她吃的蛋糕數才能和老鼠先生的甜點數目相同呢？
7. 二人共吃了多少個不是熱狗的東西？
   二人共吃了多少個不是甜點的東西？
8. 如果老鼠小姐多吃了 2 個漢堡當午餐，那她總共吃了多少個漢堡呢？

答案：*1.* 2，2，1，1　　*2.* 1，1，2，1

3. 4 個　　*4.* 3 個

5. 老鼠小姐，1 個　　*6.* 3 個

7. 9 個，5 個　　*8.* 4 個

單元 11

梳頭髮㈢

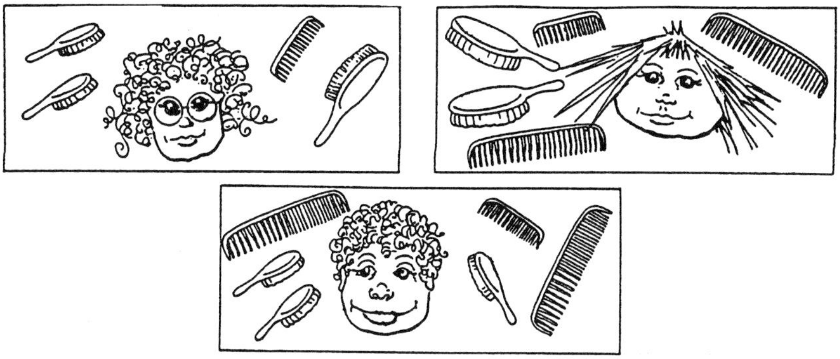

：這是髮刷　　：這是梳子

1. 直髮的女孩有（　　）支小髮刷、（　　）支大髮刷、（　　）支小梳子和（　　）支大梳子。
2. 捲髮的男孩有（　　）支小髮刷、（　　）支大髮刷、（　　）支小梳子和（　　）支大梳子。
3. 這些女生共有多少支小梳子？
   男生共有多少支小梳子？
   這些小孩共有多少支小梳子？
4. 捲髮的小孩們共有幾支小髮刷呢？
   直髮的女孩共有幾支小梳子呢？
   誰有比較多的小髮刷？直髮或捲髮的小孩呢？
   直髮的女孩和捲髮的小孩們誰有比較多的小髮刷？
5. 小孩們共有多少支大型梳髮用品？
6. 數一數女生們共有幾支小型梳髮用品？

數一數男生共有幾支小型梳髮用品？

誰的小型梳髮用品比較多？

7. 我們必須給直髮的女孩幾支髮刷，才能讓所有的小孩都有相同數目的髮刷？

8. 如果捲髮的女孩遺失了 1 支梳子，而直髮的女孩也遺失 1 支梳子，那麼女孩們還有多少支梳子呢？

答案：*1.* 0，2，1，2

2. 3，0，1，2

3. 2 支，1 支，3 支

4. 5 支，1 支，捲髮的，捲髮的小孩們

5. 7 支

6. 4 支，4 支，一樣多

7. 1 支

8. 2 支

單元 12

糖果(三)

1. 女醫生有（　　）顆小軟糖、（　　）顆大軟糖、（　　）支小棒棒糖和（　　）支大棒棒糖。
2. 警察有（　　）顆小軟糖、（　　）顆大軟糖、（　　）支小棒棒糖和（　　）支大棒棒糖。
3. 醫生們共有多少顆小軟糖？
   警察共有多少顆小軟糖？
   醫生們或警察誰有比較多的軟糖？多出幾個？
4. 女醫生共有幾支棒棒糖？而男人們共有多少支棒棒糖？
   全部的人共有（　　）支棒棒糖？
5. 醫生們共有多少個糖果？
6. 男人們共有多少個小糖果？
   醫生們共有多少個小糖果？
   醫生們或男人們誰有比較多的小糖果？多出幾個呢？
7. 要從男醫生那裡拿走多少顆軟糖，才可使男、女醫生的軟糖一樣多呢？

8. 醫生們共有多少個不是軟糖的糖果？

男人們共有多少個不是軟糖的糖果？

女醫生有幾個不是小的糖果呢？

答案：1. 1，1，1，1

2. 0，2，1，1

3. 4顆，0顆，醫生，多3個

4. 2支，4支，6

5. 9個

6. 6個，7個，醫生，多1個

7. 1顆

8. 4個，4個，2個

單元 13

運動競賽(三)

1. 女跳繩手贏了（　　）個第 3 獎、（　　）個第 2 獎和（　　）個第 1 獎。

2. 女爬桿手贏了（　　）個第 2 獎、（　　）個第 3 獎和（　　）個第 1 獎。

3. 二人共贏了（　　）個第 1 獎、（　　）個第 2 獎和（　　）個第 3 獎。

4. 跳繩手共贏了幾個第 3 獎？
爬桿手共贏了幾個第 3 獎？
誰贏了比較多的第 3 獎？多了幾個？

5. 女人們共贏了（　　）個獎？男人共贏了（　　）個獎？三人共贏了（　　）個獎？

6. 跳繩手共贏了幾個第 2 獎和第 3 獎呢？
爬桿手共贏了幾個第 1 獎？
爬桿手的第 1 獎比跳繩手的第 2 及第 3 獎的總數還多嗎？

7. 爬桿手必須再贏幾個第 1 獎，才會和跳繩手的第 1 獎一樣多？

8. 三人共有多少獎不是第 2 獎呢？

三人共有多少獎不是第 1 獎也不是第 3 獎呢？

答案：*1.* 3，1，2　　*2.* 1，2，3

3. 5，2，5　　*4.* 4 個，2 個，跳繩手，多 2 個

5. 12，4，16　　*6.* 7 個，3 個；沒有，比較少

7. 0 個　　*8.* 12 個，4 個

單元 14

象的食物(三)

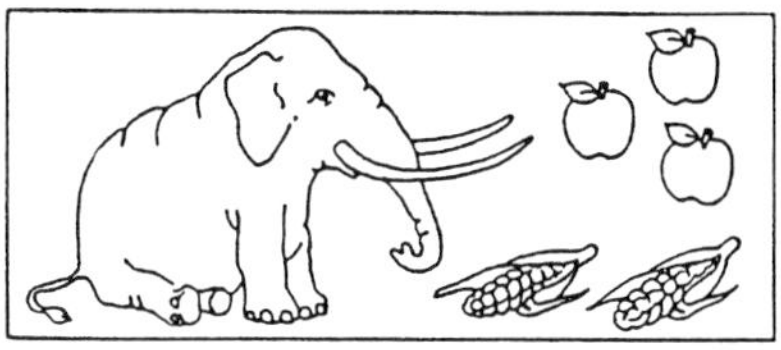

1. 海象共有（　　）個蘋果、（　　）個梨子、（　　）棵紅蘿蔔及（　　）根玉米。
2. 大象有（　　）個水果、（　　）棵蔬菜。
3. 長牙的動物們共有（　　）個蘋果及（　　）棵紅蘿蔔。
4. 海象共吃了多少個水果？多少棵蔬菜？
5. 哪一種動物的蘋果最多？哪一種動物的蔬菜最多？
6. 短牙的海象，共吃了幾根玉米？
   長牙的動物們，共吃了幾根玉米？
   動物們共吃了幾根玉米？
7. 大象需要再多幾個食物，才可以和短牙海象的食物一樣多？
   你會給大象什麼樣的食物呢？
8. 假如海象遺失了 3 棵蔬菜及 2 個水果，那麼牠們現在有多少食物呢？
   假如大象找到海象遺失的食物，那麼牠現在共有多少蔬菜呢？

答案：*1.* 1，5，3，3　　*2.* 3，2

3. 4，1　　*4.* 6 個，6 棵

5. 大象，海象　　*6.* 2 根，3 根，5 根

7. 1 個，學生可以自己選　　*8.* 7 個，5 棵

單元 15

大胃王(三)

：這是蛋糕；：這是漢堡；：這是冰淇淋；：這是熱狗

1. 小熊們吃了（　　）個漢堡和（　　）個甜點當午餐。
2. 女士們吃了（　　）個熱狗、（　　）個漢堡、（　　）個冰淇淋及（　　）塊蛋糕當午餐。
3. 女士們吃了多少甜點呢？小熊們吃了多少甜點呢？三人共吃了多少甜點呢？
4. 小熊們吃了多少個漢堡呢？老鼠小姐吃了多少個漢堡呢？誰吃的漢堡比較多呢？
5. 老鼠小姐吃了多少甜點？小熊小姐吃了多少漢堡？誰吃的比較少？
6. 小熊先生吃了多少食物呢？小熊小姐吃了多少食物呢？誰吃的比較少？少了多少個？

7. 老鼠小姐還想再吃三個食物，你要給她什麼呢？
如果再給她三個食物，那她總共吃了多少食物？

8. 如果小熊小姐遺失了 1 個熱狗，而老鼠小姐遺失了 2 個蛋糕，那女士們現在共有多少個食物呢？其中有多少食物不是冰淇淋呢？

答案：*1.* 1，4　　*2.* 4，1，2，3
3. 5 個，4 個，6 個　　*4.* 1 個，1 個，一樣多
5. 2 個，0 個，小熊小姐較少
6. 4 個，6 個，小熊先生，少 2 個
7. 學生可以自己選，7 個　　*8.* 7 個，5 個

單元 16

梳頭髮㈣

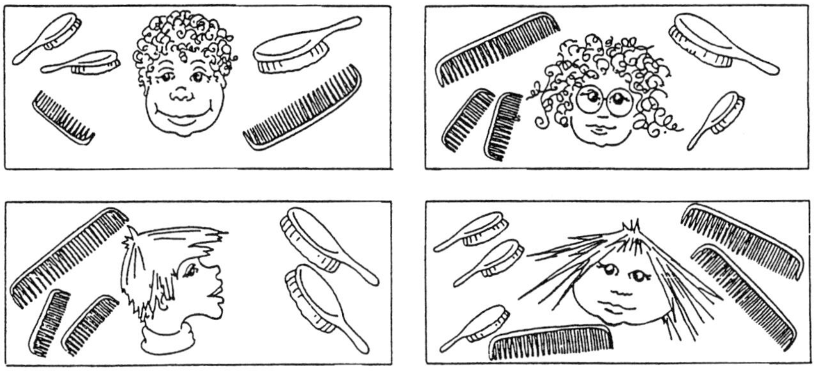

：這是髮刷　：這是梳子

1. 看圖填填看：

	小髮刷	大髮刷	小梳子	大梳子
捲髮的男孩				
捲髮的女孩				
直髮的男孩				
直髮的女孩				

2. 男孩們共有多少支小髮刷？

   女孩們共有多少支小髮刷？

   小孩們共有多少支小髮刷？

3. 捲髮的小孩共有幾支大梳子呢？

   直髮的小孩共有幾支大梳子呢？

誰的比較多呢？

4. 女孩們有幾支梳子？

男孩們有幾支梳子？

誰的梳子比較多？多出多少支？

5. 捲髮女孩比直髮男孩有較多或較少數目的大型梳髮用品？

6. 我們要給男孩多少支大梳子，他才可以和女孩的大梳子數目相同呢？

7. 直髮的小孩有多少不是小的，也不是梳子的用品？

直髮的小孩有多少用品不是大的？

8. 如果女孩們多買了 5 支大髮刷，那麼她們有多少大型梳髮用品？

有多少小型梳髮用品呢？

答案： 1.

2	1	1	1
1	1	2	1
0	2	2	1
3	0	0	3

2. 2 支，4 支，6 支

3. 2 支，4 支，直髮的較多

4. 6 支，5 支，女孩較多，多 1 支

5. 較少

6. 2 支

7. 2 支，5 支

8. 10 支，6 支

單元 17

糖果㈣

1. 看圖填填看：

	小棒棒糖	大棒棒糖	小軟糖	大軟糖
男警察				
男醫生				
女警察				
女醫生				

2. 填填看：

	小棒棒糖	大棒棒糖	小軟糖	大軟糖	糖果數
警察					
醫生					

3. 男人共有多少支大的棒棒糖？

女人共有多少支大的棒棒糖？

女人的大棒棒糖比男人的大棒棒糖多出幾支呢？

4. 醫生們共有多少個糖果呢？

女人們共有多少個糖果呢？

5. 警察共有多少個小的糖果呢？

警察共有多少顆大的軟糖呢？

警察的軟糖多還是小的糖果多？多出幾個呢？

6. 女警察還要有多少支小棒棒糖，才會和男人們的小棒棒糖數目一樣多呢？

7. 醫生們共有多少個不是小的糖果？

這些人共有多少不是大的也不是軟糖的糖果呢？

8. 假如男醫生又買了 3 顆大的軟糖及 2 支小棒棒糖，那麼他將有多少的糖果呢？

醫生們共有多少大的糖果呢？

答案：1.

3	1	1	0
1	2	1	1
2	0	2	2
0	3	0	3

2.

5	1	3	2	11
1	5	1	4	11

3. 3 支，3 支，0 支

4. 11 個，12 個

5. 8 個，2 顆，小糖果多，多 3 個

6. 2 支

7. 9 個，6 個

8. 10 個，12 個

單元 18

運動競賽㈣

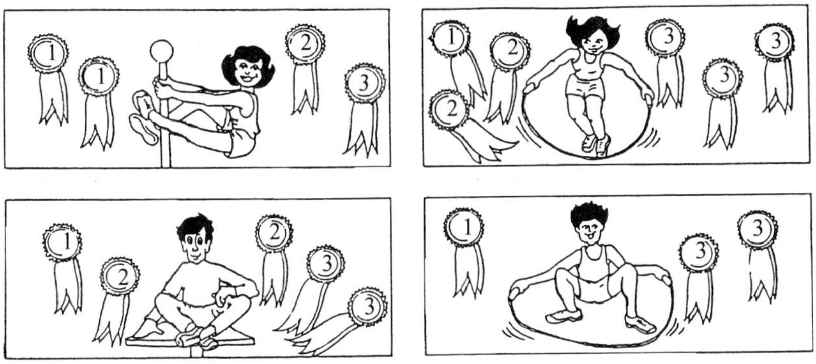

1. 看圖填填看：

	第 1 獎	第 2 獎	第 3 獎	全部獎品
女跳繩手				
男跳繩手				
女爬桿手				
男爬桿手				

2. 誰贏得最多的第 3 獎？

誰贏得最少的第 3 獎？

3. 女人們共贏了多少個第 1 獎？

男人們共贏了多少個第 1 獎？

4. 爬桿手共贏了多少個第 2 獎？

跳繩手共贏了多少個第 2 獎？

誰贏得較多個第 2 獎？多了幾個？

5. 男人們共贏了多少個獎？
   女人們共贏了多少個獎？
   這些人共贏了多少個獎？
6. 女爬桿手必須再贏多少個獎，才可以和女跳繩手的獎章數一樣呢？
   你會給她哪項獎章呢？
7. 若女人們又贏了 6 個第 3 獎，那麼女人們的第 3 獎數比男爬桿手的第 3 獎數多了多少呢？
8. 男人們共贏了多少個不是第 2 獎也不是第 3 獎的獎章呢？
   爬桿手贏了多少個不是第 1 獎的獎章呢？

答案：1.

1	2	3	6
1	0	2	3
2	1	1	4
1	2	2	5

2. 女跳繩手，女爬桿手
3. 3 個，2 個
4. 3 個，2 個，爬桿手較多，多 1 個
5. 8 個，10 個，18 個
6. 2 個，學生可任選
7. 8 個
8. 2 個，6 個

單元 19

象的食物(四)

1. 看圖填填看：

	蘋果	梨子	紅蘿蔔	玉米	食物總數
短牙的海象					
長牙的海象					
短牙的大象					
長牙的大象					

2. 填填看：

	蘋果	梨子	紅蘿蔔	玉米
海象				
大象				

3. 填填看：

	水果	蔬菜
海象		
大象		

4. 算算看是大象還是海象有比較多的水果？多了多少個？

5. 長牙的動物們有（　　）棵蔬菜。

短牙的動物們有（　　）棵蔬菜。

這些動物共有（　　）棵蔬菜。

6. 假如海象們吃了 3 個水果，那麼牠們還剩下多少個水果？

7. 長牙的大象在牠的院子中找到 5 個梨子，那麼現在牠共有多少個水果呢？

8. 海象有多少不是蔬菜的食物呢？這些動物有多少不是蘋果及玉米的食物呢？

答案：1.

2	2	0	2	6
1	2	3	0	6
1	1	2	2	6
4	0	1	1	6

2.

3	4	3	2
5	1	3	3

3.

7	5
6	6

4. 海象，多了 1 個

5. 5，6，11

6. 4 個

7. 9 個

8. 7 個，11 個

單元 20

大胃王㈣

：這是蛋糕；：這是漢堡；：這是冰淇淋；：這是熱狗

1. 看圖填填看：

	漢堡	熱狗	冰淇淋	蛋糕
老鼠小姐				
老鼠先生				
小熊小姐				
小熊先生				

2. 填填看：

	漢堡	熱狗	冰淇淋	蛋糕
老鼠				
小熊				

3. 填填看：

	肉類食品	甜點
老鼠		
小熊		

4. 填填看：

	肉類食品	甜點
女士們		
男士們		

5. 誰吃的甜點最多？誰吃的肉類食品最少？
6. 如果小熊小姐又買了 4 份甜點，那麼她現在有幾份甜點？
你想她會買哪一種甜點？
7. 不屬於男士們和老鼠小姐的冰淇淋有幾份？
除去熱狗，這些人共有多少食物？
8. 如果老鼠們吃掉了 3 份肉類食品，他們還剩下多少份肉類食品？
小熊們的肉類食品將比老鼠們剩下的多幾份？

答案：1.

1	2	1	0
0	0	1	2
3	1	0	2
3	1	0	0

2.

1	2	2	2
6	2	0	2

3.

3	4
8	2

4.

7	3
4	3

5. 老鼠先生，老鼠先生

6. 6 份，學生任選

7. 0 份，13 份

8. 0 份，8 份

單元 21

學校生活

1. 有位高個子的男孩在校內找到了 2 件大襯衫，另一位高個子的男孩也在校園內找到了 4 件大襯衫，又一位（　　）男孩也在校內找到 5 件大襯衫。所以這些高個子的男孩找到了 6 件大襯衫。

①矮個子　②高個子　③找到

2. 美術老師一週內戴了 2 頂棕色帽子，音樂老師一週內戴了 1 頂棕色帽子，英文老師一週內戴了 5 頂（　　）帽子。所有的老師一週內戴了 3 頂棕色帽子。

①棕色　②黑色　③帽子

3. 有個女孩收到 1 本綠色的書做為生日禮物，另有個女孩收到 4 本綠色的書做為生日禮物，又有個女孩收到 5 本（　　）的書做為生日禮物。這些女孩共收到 5 本綠色的書做為生日禮物。

①綠色　②藍色　③女孩

4. 有位快樂的女孩有 1 件上學用的藍色毛衣，另有一位快樂的女孩有 2 件上學用的紅色毛衣，又有位（　　）的女孩有 7 件上學用的綠色毛衣。這些快樂的女孩共有 10 件上學用的毛衣。

①悲傷的　②藍色的　③快樂的

5. 所有的小孩都喜歡踢足球，有個球員踢進 2 球，另有個球員踢進 4 球。再有個球員（　　）6 球。這些球員共踢進 12 球。

①踢進　②捉住　③球員

6. 有個老師搖 2 下鈴，另一個老師也搖 2 下鈴，又一個（　　）也搖了 3 下鈴。這些老師共搖了 7 下鈴。

①男孩子　②鈴　③老師

7. 在課堂上，有個男孩折斷 1 枝鉛筆，另一個男孩折斷了 2 枝鉛筆，又一個男孩（　　）2 支鉛筆。這些男孩共折斷了 5 支鉛筆。

①削尖　②折斷　③注視著

8. 有一位老師拿了 3 個盒子，另一位老師拿了 4 個盒子，又有一位老師（　　）2 個盒子。這些老師共拿了 7 個盒子。

①盒子　②看見　③拿了

9. 有位男孩穿了 3 件衣服上學，另一位男孩穿了 5 件衣服上學，又一位男孩（　　）2 件衣服上學。這些男孩共穿了 8 件衣服上學。

①拿著　②衣服　③穿了

10. 這個學校有許多球隊，有一隊贏了 9 場比賽，另有一隊輸了 1 場比賽，又有一隊贏了 2 場比賽。這些球隊總共（　　）了 12 場比賽。

①參加　②贏　③輸

答案：
1. ①　2. ②
3. ②　4. ③
5. ①　6. ③
7. ②　8. ②
9. ①　10. ①

單元 22

星期六的瑣事

1. 大明和大華二個男孩在星期六工作以賺取額外的金錢。早上大明洗了4 面窗戶，午餐後他又洗了 12 面窗戶。大明總共洗了幾面窗戶？

2. 有個星期六，林太太從她的養雞場中抓了 11 隻公雞，林先生抓了 18 隻母雞。他們二人共抓了幾隻雞？

3. 大華打零工賺錢之前，他必須先作完他的功課。如果他作完了 13 題數學題目、6 題自然題目，那麼大華總共作了多少題目呢？

4. 大明和大華喜歡幫他們的父親整理建築工地；大明裝了 12 袋的碎磚塊，大華裝了 31 袋的碎磚塊。他們二人共裝了幾袋的碎磚塊？

5. 大明曾經在陳先生的修理店中幫忙，他們上星期修理了 13 架彩色電視機，今天修了 6 架彩色電視機及 9 台收音機。他們總共修理了幾架彩色電視機呢？

6. 一個週末男孩們有個招待會，其中一場足球比賽有 12 個男孩參加，而 11 個自己帶午餐，6 個女孩到商展去。請問有多少個小孩去旅行？

7. 玉英在星期六早上整理了 12 片草坪，美安在星期六下午整理了 14 片草坪。女孩們共整理了多少片草坪？

8. 湯太太請玉英和大明來幫她清理房子，玉英清理了 12 間臥室，大明清理了 1 間客房及 1 間臥室，湯太太則清理了廚房。這些小孩子共清理了幾間房間？

9. 大華洗了 24 輛汽車及 12 輛卡車，他的哥哥大明在星期六洗了 6 輛汽車。大華共洗了幾輛車？

10. 老板請大明、大華做雜事，老板給了大明 6 個 50 元硬幣，給了大華 12 個 50 元硬幣，而玉英的皮包內有 5 個 50 元硬幣。這些小孩從做雜

事中賺了多少個 50 元硬幣？

11. 工作了一整個早上之後，每個人都很餓，玉英吃了 3 個三明治當午餐，大明吃了 2 個三明治和 4 個餅乾當午餐，而大華吃了 1 個三明治和 12 個餅乾當午餐。男孩們總共吃了幾個三明治呢？

12. 請在以上各題中，找到最小的答案與最大的答案，將二數相加後，答案應該是 43。請問你的答案是怎麼得來的？

答案：*1.* 16 面　*2.* 29 隻

3. 19 題　*4.* 43 袋

5. 19 架　*6.* 0 個

7. 26 片　*8.* 14 間

9. 36 輛　*10.* 18 個

11. 3 個　*12.* 0+43=43

單元 23

送牛奶的人

1. 星期一，送牛奶的人在送了 32 公升的牛奶之後，還剩下 25 公升。請問他原來總共有幾公升的牛奶呢？
2. 黃先生留下 10 打蛋在明莉的家之後，他還有 14 打蛋。請問他原來有多少打的蛋呢？
3. 黃先生在送完 24 公升的牛奶之後，還剩下 34 公升的牛奶。他原來總共有多少公升的牛奶呢？
4. 這個早上，送牛奶的人已經送了 27 家，還剩下 12 家沒有送。請問在一個早上，他總共要送幾家牛奶呢？
5. 送牛奶的人從卡車上取出 38 瓶牛奶，卡車裡還有 10 瓶牛奶。請問他原來總共有多少瓶牛奶？
6. 送牛奶的人在送完 7 公斤的奶油之後，還有 12 公斤的奶油要送，請問他原來有幾公斤的奶油？
7. 賣票的人已經賣出了 42 張票，還剩下 15 張票。請問他原來總共有多少張票呢？
8. 黃先生在送了 33 公升的牛奶之後，卡車上還有 26 公升的牛奶。他原先有多少公升的牛奶呢？
9. 李太太的家中已經送來了 22 瓶的巧克力牛奶，可是還差 12 瓶巧克力牛奶和 13 瓶香草牛奶。請問李太太總共訂了幾瓶巧克力牛奶？
10. 送牛奶的人在早上八點之前送了 34 瓶牛奶給 25 家之後，他還需要再送 21 家。請問他一共要送幾家牛奶呢？

答案： *1.* 57 公升　　*2.* 24 打

3. 58 公升　　*4.* 39 家

5. 48 瓶　　*6.* 19 公斤

7. 57 張　　*8.* 59 公升

9. 34 瓶　　*10.* 46 家

單元 24

金錢

1. 小明帶了 100 元到遊樂場打電動玩具，他可兌換幾個 10 元代幣呢？
2. 美美帶 50 元到郵局買了 2 張 12 元郵票，她還剩下多少錢？
3. 自強有3個10元硬幣，他花了 15 元買了一罐汽水，他還剩下多少錢？
4. 小惠有 5 個 10 元硬幣，小卿有 2 個 50 元硬幣，她們二人總共有多少錢？
5. 小玉到文具店花了 60 元買一打鉛筆，10 元買一個橡皮擦，30 元買一個鉛筆盒。小玉總共花了多少錢？
6. 媽媽到超市買食品共花了 325 元，現在她還剩下 200 元，請問媽媽原本有多少錢？
7. 建國有 3 個 50 元硬幣，1 張 100 元紙鈔，請問建國有多少錢呢？
8. 小熊玩偶一個 400 元，大凱有 3 張 100 元、1 個 50 元、4 個 10 元，請問他的錢夠不夠買一個小熊玩偶？還差多少錢呢？

答案：
1. 10 個
2. 26 元
3. 15 元
4. 150 元
5. 100 元
6. 525 元
7. 250 元
8. 不夠，尚差 10 元

單元 25

柏名的腳踏車店

1. 柏名用一個罐子裝了螺帽和螺栓，結果罐子破了，所有的螺帽和螺栓都掉到地上；柏名撿起了 131 個螺帽，柏安撿起了 202 個螺栓。請問他們總共撿起了多少東西？
2. 柏名要做一個架子以便儲存零件，他帶來了 216 塊木板，而玉玲帶來了 321 根木條。請問他們總共帶來了多少木料？
3. 柏安帶了一箱備用的零件來幫柏名，但他不小心把箱子翻倒在地上，裡面的 100 個鏈子和 200 個腳踏車座墊掉了出來。請問總共有多少零件掉出來呢？
4. 柏名除了賣腳踏車也賣摩托車，他展示了 400 輛腳踏車；而他的助手也展示了 200 輛摩托車。請問總共有多少輛車在展售呢？
5. 柏名決定要記錄每月修理的破輪胎和車把手。第一個月，他修理了 100 個破輪胎和 65 個車把手；第二個月，他修理了 103 個破輪胎和 105 個車把手。請問柏名一共修理了幾個破輪胎？
6. 柏名把 324 支螺絲起子裝到盒子裡，柏安也包裝了 265 個腳踏車座墊到箱中，文婷則裝了 113 支榔頭到箱子裡。請問總共有多少工具被包裝起來呢？
7. 文婷賣了 123 個鈴噹和 116 個座墊，而文婷的好朋友買了其中的 12 個鈴噹，那麼文婷總共賣了多少件東西？
8. 柏名騎著他的摩托車跑了 143 公里，柏安也騎了 216 公里，並用了 40 公升的汽油。請問他們二人加起來一共騎了多少公里呢？
9. 柏名二個星期的時間在店裡工作了 120 小時；文婷二個星期的時間在店裡工作了 143 小時，在家裡工作了 24 小時。請問他們二人在店裡總共工作了多少小時？

10. 柏名六月份賣了 321 輛腳踏車，七月份賣了 148 輛腳踏車，八月份賣了 107 輛腳踏車。請問柏名三個月共賣了多少輛車？

答案：

1. 333 個　　*2.* 537

3. 300 個　　*4.* 600 輛

5. 203 個　　*6.* 437 個

7. 239 件　　*8.* 359 公里

9. 263 小時　　*10.* 576 輛

單元 26

郵局

1. 郵差在送出 120 封信之後，還有 150 封信要送，那麼他一共要送多少封信？

2. 大明送了 224 個包裹，還有 120 個包裹沒有送，大明原來總共有多少個包裹要送呢？

3. 郵差分給他的助手 140 封信，自己留下了 100 封信。請問郵差原先有多少封信？

4. 郵差送出了 136 張帳單之後，還剩下 243 張帳單。他原來有多少張帳單呢？

5. 林先生送了 315 封信之後，還有 100 封信留下來。他總共要送多少封信呢？

6. 大山送了 230 份雜誌，可是還有 125 份沒有送。他總共要送多少份雜誌呢？

7. 丁先生收集了 132 封信，他還要收集 105 封信。他總共要收集多少封信呢？

8. 林太太今早送了 363 份廣告單後，還有 101 份沒送。她總共有多少份廣告單要送呢？

9. 王先生送了 321 封限時信，可是還有 134 封沒有送。他總共有多少封限時信要送呢？

10. 白先生已經整理了 246 封信，他還有 432 封信該分類。他總共有多少封信需要整理呢？

答案：*1.* 270 封　*2.* 344 個
3. 240 封　*4.* 379 張
5. 415 封　*6.* 355 份
7. 237 封　*8.* 464 份
9. 455 封　*10.* 678 封

單元 27

白大夫的一天

1. 白大夫星期一有一些預約，星期二他有 3 個預約。如果在星期一、二兩天，他總共有 9 個預約，請問他在星期一有多少個預約？
2. 黃太太是白大夫的祕書，她先打了 6 封信，後來又打了一些信。假如她總共打了 7 封信，請問她後來打了多少封信？
3. 昨天白大夫打了幾通電話到醫院去，今天又打了 4 通電話。如果他總共打了 6 通電話，請問他昨天打了幾通電話？
4. 今天一早白大夫看了 2 張 X 光片的報告，稍後他又多看了幾張。到現在為止他已經看了 7 張 X 光片報告，那麼他後來是看了多少張 X 光片的報告？
5. 昨天白大夫面談了幾個來應徵的人，今天他又面談了 2 個人，現在他總共面談了 8 個人。請問他昨天面談了幾個人呢？
6. 上星期黃太太加班 1 小時，這個星期她又加班了一些時間，她總共加班了 4 小時，那麼她這個星期加班了多少小時？
7. 黃太太今天從實驗室中收到了 3 張報告；昨天她也收到一些報告，現在她總共收到了 6 張報告。請問她昨天收到了幾張報告？
8. 上星期白大夫接生了 3 個男娃娃，這個星期他又接生了幾個男娃娃和女娃娃，兩星期來他總共接生了 8 個男娃娃和 6 個女娃娃。那麼他這個星期各接生了幾個男娃娃和女娃娃？
9. 白大夫上個月介紹了一些病人到 X 醫院，這個月他又介紹了 2 個病人去 X 醫院，如果他一共介紹了 4 個病人到 X 醫院，那麼他上個月介紹幾個病人到 X 醫院？
10. 上週有個推銷員給了白大夫 3 種藥的樣品，這週他又給了白大夫一些樣品，現在白大夫總共有 5 種樣品藥。請問白大夫這週得到了多少種樣品藥呢？

答案： *1.* 6 個　　*2.* 1 封

3. 2 通　　*4.* 5 張

5. 6 人　　*6.* 3 小時

7. 3 張　　*8.* 5 個男娃娃，6 個女娃娃

9. 2 人　　*10.* 2 種

單元 28

小型超商

1. 雜貨店王老板絞了 8 公斤的肉。他賣了 5 公斤的絞肉和 3 盒的漢堡肉給第一個客戶，他現在還有幾公斤的絞肉？
2. 大仁的媽媽總是到王老板的店裡買東西，她帶 8 元去店裡，買了 6 元的東西，現在她還剩下多少錢呢？
3. 雜貨商收到的蔬菜罐頭有些是受損的，這些罐頭通常會以較低的價錢出售。雜貨商這次進貨，其中 15 罐蕃茄罐頭受損，8 罐青豆受損，老板賣掉 4 罐青豆，請問還剩幾罐受損的青豆？
4. 在王老板的店中，有 6 排罐頭食物的貨架。開店之前王老板已擺了 3 排，現在還需要擺幾排呢？
5. 王老板直接從農夫那兒買了 9 公斤的蕃茄，第一位客人買了 6 公斤的蕃茄和 3 顆萵苣，現在還剩下幾公斤的蕃茄呢？
6. 王老板的店裡有個特別的午餐櫃台，菜單上最受歡迎的是特餐。今天在顧客到達之前，廚師就準備了 9 份特餐。當第一批客人來時賣出了 2 份特餐，請問他還留有幾份特餐呢？
7. 江先生作了 9 份烤牛肉三明治及 8 份洋芋沙拉，他賣掉了 5 份沙拉，現在他還剩下幾份沙拉呢？
8. 蔬果商有 9 公斤的水果，其中有一些受損，他必須將受損的水果丟棄。星期一他丟掉了 7 公斤的水果，星期二他丟掉了 10 公斤的蔬菜，現在他還剩下多少斤的水果呢？
9. 現在有 7 箱紙要擺在貨架上，其中 3 箱已先由阿丁擺好了，請問還有幾箱的紙沒有放好呢？
10. 王老板訂了 5 箱即溶咖啡，其中有 2 箱受損嚴重必須退回，另有 1 箱稍微受損，還是可以出售，那麼他現在有幾箱即溶咖啡可以賣呢？

答案：

1. 3 公斤　*2.* 2 元

3. 4 罐　*4.* 3 排

5. 3 公斤　*6.* 7 份

7. 3 份　*8.* 2 公斤

9. 4 箱　*10.* 3 箱

單元 29

菜園

1. 劉先生的菜園中有 9 排玉米，他摘下了 8 排，現在還剩下幾排呢？
2. 劉先生的菜園長出了 6 顆大西瓜，其中有 1 顆是紅色的西瓜，請問有多少顆不是紅色的西瓜？
3. 五月時劉先生用了 5 天的時間來種菜，其中有 3 天除草，1 天播種，請問有幾天不是播種的日子呢？
4. 除了種菜外，劉先生也種水果。他種了 7 顆西瓜，其中有 2 顆西瓜是紅色的，3 顆是黃色的，那麼有多少顆西瓜不是紅色的呢？
5. 張先生種了 8 棵蔬菜，其中有 4 棵是蕃茄，3 棵是萵苣，那麼有多少棵蔬菜不是蕃茄呢？
6. 張先生在星期一摘了 3 條茄子，其中有 2 條是給王先生的，1 條是過熟的，請問有多少條茄子不是過熟的？
7. 花苞會慢慢開成花。王先生種了 5 排小黃瓜，有 1 排已經開花了，4 排已有花苞了，請問有多少排小黃瓜還沒有開過花苞？
8. 許小姐種了 8 排蔬菜，有 2 排是萵苣，其中有 3 排玉米被菜蟲吃了，請問有多少排不是萵苣的蔬菜？
9. 王先生放了 8 個稻草人在菜園中，其中有 3 個填滿了稻草，有 5 個穿著女人的衣服，請問有幾個是沒有穿女人衣服的稻草人？
10. 王先生準備了 7 種蔬菜做沙拉，其中有 2 種是紅色，4 種是白色，那麼他的蔬菜中有幾種不是紅色的呢？

答案：*1.* 1 排　　*2.* 5 顆

3. 4 天　　*4.* 5 棵

5. 4 棵　　*6.* 2 條

7. 0 排　　*8.* 6 排

9. 3 個　　*10.* 5 種

單元 30

較長／較短

1. 小明的床是 200 公分長，如果美美的床比他的床短了 50 公分，那麼美美的床是（　　）公分。
2. 小珍的腳是 40 公分長，如果小明的腳比小珍的腳短了 12 公分，那麼小明的腳是（　　）公分。
3. 小玉和小亭都有長頭髮，小玉的頭髮比小亭的頭髮長 12 公分。如果小玉的頭髮是 27 公分，那麼小亭的頭髮應該有（　　）公分。
4. 小珍的圍巾比她媽媽的圍巾短了 9 公分，如果她媽媽的圍巾是 27 公分，那麼小珍的圍巾是（　　）公分。
5. 我家的車道比隔壁的車道短了 120 公分，如果隔壁的車道是 270 公分，那麼我家的車道是（　　）公分。
6. 陳先生抓了 2 條魚，第 1 條長 21 公分；如果第 2 條比第 1 條短 6 公分，那麼第 2 條魚有（　　）公分。
7. 小邱的鞋跟比小湯的鞋跟高了 6 公分，如果小邱的鞋跟是 15 公分，那麼小湯的鞋跟是（　　）公分。
8. 小安的獨木舟是 270 公分長，而他舅舅的小船是 240 公分長。小安的獨木舟比他舅舅的小船長了（　　）公分。
9. 小羽的食指比他的小指頭長了 3 公分，他的食指有 12 公分，請問他的小指頭是（　　）公分長。
10. 小木偶的鼻子比小雄的鼻子長 6 公分，如果小木偶的鼻子是 21 公分，那麼小雄的鼻子是（　　）公分。

答案：1. 150　　2. 28
3. 15　　4. 18
5. 150　　6. 15
7. 9　　8. 30
9. 9　　10. 15

單元 31

歌詞改編大賽

參加台灣區歌詞改編大賽的選手，在 6 月 11 日已從各地紛紛趕到，並於 6 月 28 日正式比賽完畢。這次改編的歌曲有 86 首，總共改編了 480 個字，有 1337 個字保留。改編後的新歌曲，將在比賽完畢一個月後發表。這次參加的選手來自台灣 13 個縣市，其中台北市有 9 名，台北縣比台北市少 2 名，桃園縣和嘉義縣各 5 名，有 4 個縣市各有 4 名選手，另外 4 個縣市各有 3 名選手，金門也有 2 名代表參加。在這些選手中，他們的職業有 10 名是商人，13 名是學生，14 名是司機，還有 9 名上班族，4 名醫生，另外 4 名是作業員。

1. 有多少人參加歌詞改編大賽？
2. 哪一個地區參加的選手最少？
3. 台北市的選手比嘉義縣多幾名？
4. 從台北縣來的選手有幾名？
5. 改編後的歌曲，將在幾月幾日發表？
6. 超過 4 名或剛好 4 名選手的縣市，共有幾個？
7. 選手中上班族比醫生多幾位？
8. 參加比賽的學生和上班族，共有幾位？

答案：*1.* 56 人　*2.* 金門

3. 4 名　*4.* 7 名

5. 7 月 28 日　*6.* 8 個

7. 5 位　8. 22 位

單元 32

冷和熱

1. 星期一比星期二冷 3℃，如果星期二是 26℃，那麼星期一是（　　）℃
2. 早上的溫度比下午少 6℃，如果下午是 29℃，那麼上午是（　　）℃。
3. 高雄的溫度比台北的溫度高出 3℃，如果台北是 23℃，那麼高雄是（　　）℃。
4. 十一日的平均溫度比十日的平均溫度低了 5℃，如果十日的平均溫度是 34℃，那麼十一日的平均溫度是（　　）℃。
5. 六月份最熱的日子比五月份最熱的日子高出 3℃，如果六月份最熱的日子是 31℃，那麼五月份最熱的日子是（　　）℃。
6. 六月份中午的平均溫度比十點時的平均溫度高出 5℃，如果中午的平均溫度是 30℃，那麼十點時的平均溫度是（　　）℃。
7. 沒加冰的茶比加冰塊的茶高出 5℃，如果沒加冰的茶溫度是 46℃，那麼加冰的茶是（　　）℃。
8. 小珍房間的溫度比她廚房的溫度低了 4℃，如果小珍廚房的溫度是 28℃，那麼小珍房間的溫度是（　　）℃。
9. 屋內的溫度比屋外的溫度低了 6℃，如果屋外的溫度是 29℃，那麼屋內將是（　　）℃。
10. 魯先生有一台電扇及冷氣機，電扇可使房間變成 28℃。如果冷氣機可使房間再低 7℃，請問冷氣機可以使房間變成（　　）℃。
11. 山頂的溫度比山腳的溫度低了 7℃，如果山腳的溫度是 28℃，那麼山頂的溫度是（　　）℃。

12. 當窗子關起來時，辦公室裡的溫度比窗子打開時高出 3℃，如果窗子關起時的溫度是 25℃，那麼當窗子打開時應該是（　　）℃。

答案：

1. 23	*2.* 23
3. 26	*4.* 29
5. 28	*6.* 25
7. 41	*8.* 24
9. 23	*10.* 21
11. 21	*12.* 22

單元 33

小山的運動用品店

1. 在小山的運動用品店中，有 48 個籃球，如果他賣了其中的 11 個給學校，那麼小山的店中還有幾個籃球呢？
2. 小山有 15 輛十段速的腳踏車，在大拍賣中，王老闆買了其中的 10 輛，那麼小山現在還有幾輛呢？
3. 小山的店裡有 55 件物品正在大拍賣，結果賣掉其中的 15 輛腳踏車。現在還有幾件物品在拍賣中呢？
4. 為了賺更多的零用錢，珊珊做了 17 件 T 恤放在小山的店裡賣，星期一就賣了其中的 14 件，請問小山的店中還剩幾件 T 恤呢？
5. 小山買了 23 艘由小羅做成的玩具船，除了這些，小羅也做了 11 架玩具飛機，結果小山賣了 1 艘玩具船。小山現在還有多少艘玩具船？
6. 勇士少棒隊向小山買了 18 件棒球用具，在練習的時候，他們遺失了 3 個棒球，弄壞了 2 個護膝，但是後來護膝又修好了。勇士少棒隊現在有多少件棒球用具呢？
7. 小山有 36 個網球及 35 個網球拍，有人買了其中的 12 個網球，請問現在還有幾個球？
8. 小山有 16 輛小雪車，但是其中 2 輛小雪車及 4 套滑雪板被偷了。小山現在還有幾輛小雪車呢？
9. 小山剛進了一車子的新貨物，裡面有 10 副雪橇及 12 套雪橇板，他賣掉其中 11 套雪橇板，請問小山還有多少件滑雪的用品可以賣？
10. 小山有 24 個網球拍，其中有 14 個要退回去，2 個需要再重新結網，請問小山現在有多少可以賣的網球拍呢？

答案： *1*. 37 個　　*2*. 5 輛

3. 40 件　　*4*. 3 件

5. 22 艘　　*6*. 15 件

7. 24 個　　*8*. 14 輛

9. 11 件　　*10*. 8 個

單元 34

動物園

1. 小胖先生要餵 48 隻動物，十點整時他已餵了 20 隻動物，其中 19 隻吃的是綜合穀類飼料。請問十點前有多少隻動物尚未被餵養呢？
2. 在獅籠中有 29 隻獅子，有 4 隻可以跳過鐵圈，請問有多少隻獅子是跳不過去的呢？
3. 星期六有 96 人參觀動物園，其中 54 人是十二歲以下的小孩，85 人帶午餐到動物園中，那麼參觀動物園的人有多少是大於十二歲的呢？
4. 動物園中的小動物飼養區，有一天加入了 25 隻小動物，其中 14 隻只有 7 天大，有 21 隻是小羊，請問有多少小動物不是小羊呢？
5. 猴籠中有 17 隻猴子，其中 12 隻懷有身孕，9 隻正搖著他們的尾巴，請問猴籠中有幾隻猴子沒有懷孕？
6. 小安去水族館參觀，並在魚缸中數出 34 隻小魚，其中有 27 隻是金魚，而小魚中有 12 隻游得很快。請問魚缸中有幾隻魚不是金魚？
7. 動物園的「夜間動物」區專門飼養生活在黑暗中的動物。星期六那天，管理員放進了 34 隻動物，其中 14 隻是蛇，12 隻是烏龜，請問新放進的動物中不是烏龜的有多少？
8. 動物園中的一個角落有 55 隻動物，其中有 15 隻是熊，有 35 隻正在吃草。請問有多少隻動物沒有在吃草？
9. 每星期六都有 19 隻海豚參加水舞表演會的表演，其中有 16 隻海豚可以跳過池子的大門，有 12 隻是白色的。請問跳不過池子大門的海豚共有幾隻？
10. 小湯在動物園半工半讀，他每週都得清洗 46 個籠子，星期六他清洗了 31 個籠子並餵了 24 隻動物，請問有多少籠子沒有在星期六清洗？

答案： *1.* 28 隻　　*2.* 25 隻

3. 42 人　　*4.* 4 隻

5. 5 隻　　*6.* 7 隻

7. 22 隻　　*8.* 20 隻

9. 3 隻　　*10.* 15 個

單元 35

中秋節

1. 卜先生一家人在中秋節當天到外婆家去吃中秋節大餐，小南吃了幾瓣柚子當點心，後來小南又再吃了 12 瓣柚子。如果他總共吃了 22 瓣柚子，請問小南一開始時，究竟吃了幾瓣柚子？
2. 卜先生的家族，去年只有 15 個孫子，今年則有 29 個孫子。請問今年增加了多少個孫子呢？
3. 小安姑姑為小朋友做了一些月餅，後來又多做了 14 個月餅給大人們；她總共做了 35 個月餅。請問一開始時她做了多少個月餅呢？
4. 小喬在盒子中找到 18 個小月餅，後來又在另外的盒子中找到一些。如果他總共找到了 49 個小月餅，請問小喬後來找到了幾個月餅呢？
5. 小田叔叔會做相當特別的菜，他先用了一些玉米，之後又用了 26 棵玉米。如果他總共用了 49 棵玉米，請問一開始的時候，他用了幾棵玉米呢？
6. 中午十二點時，有一些朋友來拜訪卜先生；一點時，又有 12 位朋友來拜訪。如果總共來訪的朋友有 26 位，請問中午十二點時，有幾位朋友來訪呢？
7. 外婆昨夜滷了 11 隻雞翅，今天早上她又再多滷了一些雞翅；她總共滷了 35 隻雞翅。請問今天早上她滷了幾隻雞翅呢？
8. 在往外婆家的途中，小珍共數了 17 個不能迴轉的交通號誌牌，而回家的途中，她又數了些交通號誌牌。如果她總共數了 39 個不能迴轉的交通號誌牌，請問在她回家途中，究竟數了幾個交通號誌牌呢？
9. 大姑姑喜歡吃小月餅，她在二天前吃了 14 個小月餅，然後這二天又吃了一些。如果她總共吃了 19 個小月餅，請問這二天她吃了幾個小月餅呢？

10. 小孫子們都喜歡玩遊戲，在晚餐前，他們玩了 11 種遊戲，晚餐後，他們又玩了幾種。如果他們總共玩了 25 種遊戲，那麼請問晚餐後他們玩了幾種遊戲？

答案：

1. 10 瓣	2. 14 個
3. 21 個	4. 31 個
5. 23 棵	6. 14 位
7. 24 隻	8. 22 個
9. 5 個	10. 14 種

單元 36

運動會

1. 校內正舉行籃球對抗賽，最好的隊贏得了 39 場比賽，最差的一隊也贏了一些比賽，但比最好的隊少贏 17 場。請問最差的隊共贏得幾場比賽？
2. 第二、三名之爭的延長賽需加賽 26 場，冠軍之爭的延長賽比前者少 11 場。請問冠軍之爭的延長賽共有幾場？
3. 在一場籃球比賽中，甲隊得了 74 分，乙隊比甲隊少 14 分，請問乙隊共得幾分？
4. 在一場排球比賽中，乙隊得了 23 分，乙隊比甲隊少了 12 分，請問甲隊共得幾分？
5. 有 76 個人想進乙隊，比想進甲隊的多了 21 人，請問想進甲隊的有幾人？
6. 裕隆隊在比賽中罰了 41 個球，南亞隊比裕隆隊少罰了 10 個球，國泰隊在場外加油。請問南亞球隊共罰了幾個球？
7. 台北市隊在棒球賽中比高雄市隊少得了 34 分，在排球賽中比棒球賽多得了 15 分，而高雄市隊在棒球賽中得了 94 分。請問台北市隊在棒球賽中得了幾分？
8. 大華和小明在一場球賽中共罰了 18 個球，大丁和小志少罰了 10 個球，那麼大丁和小志共罰了幾個球？
9. 籃球賽延長了 28 分鐘，排球賽比籃球賽少延長了 16 分鐘，請問排球賽共延長幾分鐘呢？
10. 桃園隊比嘉義隊少贏了 14 面獎牌，比南投隊多贏了 6 面獎牌，如果嘉義隊贏得 36 面獎牌，那麼桃園隊贏得幾面獎牌呢？

答案： *1.* 22 場　　*2.* 15 場

3. 60 分　　*4.* 11 分

5. 55 人　　*6.* 31 個

7. 60 分　　*8.* 8 個

9. 12 分　　*10.* 22 面

單元 37

郭太太的養老院

1. 郭太太的養老院中有 83 棵松樹和 46 棵柏樹，請問松樹比柏樹多出幾棵呢？
2. 苗先生種了 60 株玫瑰，也種了一些百合，百合比玫瑰少了 25 株，請問共種了幾株百合呢？
3. 郭太太種了一些鳳梨在端午節時要賣，而羅先生種了 90 顆鳳梨，比去年多種了 1 顆，請問羅先生去年種了幾顆鳳梨？
4. 蕃茄需要 17 天才能成熟，香瓜需要 43 天，請問香瓜比蕃茄需要多幾天才能成熟呢？
5. 小羅賣了 72 個蕃茄給阿丁，賣給阿全的蕃茄則少了 18 個，請問小羅賣給阿全多少個蕃茄呢？
6. 在耶誕節前夕，郭太太賣了 87 棵松樹和 39 個松果，請問松果比松樹少賣了多少？
7. 去年買芒果的人比買西瓜的人少了 27 個，去年有 90 個人買西瓜，請問去年有多少人買芒果呢？
8. 苗先生賣了 65 個 5 公斤裝的袋子，2 公斤裝的袋子比 5 公斤裝的少賣了 19 個。請問共有多少個 2 公斤裝的袋子被賣出？
9. 苗先生賣出的橘子比蓮霧少了 22 個，羅太太賣出的橘子比蓮霧多出 18 個。如果苗先生賣了 61 個蓮霧，請問他共賣了多少個橘子？
10. 小羅和小蘇共賣了 83 種的蔬菜，又賣了比蔬菜少 29 種的花，請問他們二人共賣了多少種花？

答案： *1.* 37 棵　　*2.* 35 株
3. 89 顆　　*4.* 26 天
5. 54 個　　*6.* 48 個
7. 63 人　　*8.* 46 個
9. 39 個　　*10.* 54 種

單元 38

盧老師的教室

1. 小美烤了一些餅乾要帶到學校，她怕不夠，後來又烤了 12 塊餅乾，結果小美共烤了 126 塊餅乾，請問最初小美烤了多少塊餅乾呢？

2. 盧老師原有 14 枝鉛筆，後來她又多買了一些，如果現在她有 136 枝鉛筆，請問她後來買了幾枝鉛筆呢？

3. 小傑在教室外拍了二次球，第二次拍了 24 下。如果他二次共拍了 1345 下，請問小傑第一次拍了幾下球呢？

4. 小強在美術課時畫了 21 張畫，在下課後，他又多畫了幾張。如果他共畫了 134 張畫，請問小強在下課後畫了幾張呢？

5. 盧老師從家中帶了一些書來，後來又從書局買了 39 本書，現在教室內共有 159 本書，請問盧老師從家中帶了多少本書來呢？

6. 盒子裡有 16 枝斷掉的粉筆，後來又發現了一些，現在總共有 176 枝斷掉的粉筆。請問後來發現了幾枝斷掉的粉筆？

7. 盧老師於十月規定了一些作業給小朋友，十一月時又再增加 75 頁，前後總共規定了 196 頁，請問盧老師在十月時規定了幾頁的作業？

8. 上星期小蘇學會了 87 個生字，本週她又多學了一些，現在她總共學會了 198 個字，請問小蘇本週學會了多少個生字？

9. 盧老師想用圖片來佈置她的教室，她請小強在星期五貼了一些海報，星期六再請小強貼了 21 張海報，如果這兩天小強共貼了 123 張海報，請問小強星期五貼了幾張海報？

10. 盧老師給班上一個測驗，測驗卷上的第一部分有 23 個問題，第二部分則有更多的問題。如果整張測驗卷共有 137 個問題，請問第二部分共有多少個問題？

答案：*1.* 114 塊　　*2.* 122 枝
3. 1321 下　　*4.* 113 張
5. 120 本　　*6.* 160 枝
7. 121 頁　　*8.* 111 個
9. 102 張　　*10.* 114 個

單元 39

電信局

1. 新光百貨公司裝有 126 支商業電話，另外裝設的公共電話比商業電話少 22 支。請問百貨公司中有多少支公共電話？

2. 電信局十二月份比一月份少修了 31 具電話，如果一月份修了 189 具電話，請問十二月份修了幾具電話？

3. 電信局的男接線生比女接線生少 20 位，如果女接線生有 96 位，那麼男接線生有幾位？

4. 電信人員八月時裝了 183 支新電話，九月裝了 62 支新電話。請問九月比八月少裝了幾支電話？

5. 台東市電信局三日上午共有 587 通市區電話，而長途電話比市區電話少了 72 通。請問長途電話有幾通？

6. 一小時之內自動機器接了 899 通電話，而接線生比自動機器少接了 77 通電話。請問接線生接了多少通電話？

7. 電信局中有 85 位修理人員，而裝線人員比修理人員少 21 位，那麼電信局中有多少位裝線人員呢？

8. 母親節上午八點到九點的一個小時內，共接通了 98 通電話；下午的八點到九點接通了 65 通電話。請問上午的八點到九點比下午的八點到九點多接通了幾通電話？

9. 接線生國祥六月份的第一週共工作 68 小時，第二週比第一週少 11 小時，請問國祥六月份的第二週共工作幾小時？

10. 國祥星期一接了 73 通普通電話，如果他接到的大哥大比普通電話少接了 10 通，請問國祥接了幾通大哥大？

答案： *1.* 104 支　　*2.* 158 具

3. 76 位　　*4.* 121 支

5. 515 通　　*6.* 822 通

7. 64 位　　*8.* 33 通

9. 57 小時　　*10.* 63 通

單元 40

大馬戲團

1. 俄羅斯馬戲團去年到台北表演 137 天，其中有 21 天下雨。請問不下雨的日子是多少天？
2. 週休二日一共賣出了 499 張門票，其中 87 張是星期六的票，394 張是兒童票。請問在週休二日中不是星期六的表演場次共賣了多少張票？
3. 小胖妞看馬戲時吃了 139 片洋芋片，後來她又吃了 45 片餅乾及 15 個小月餅。如果其中有 25 片洋芋片是三角形的，那麼有多少洋芋片不是三角形的？
4. 陳先生一家人到馬戲團看表演，表演共有 148 種不同的節目，其中 25 種是魔術表演，18 種是動物表演，陳家看了 12 種表演就回家了。請問節目中有幾種是不屬於魔術表演的？
5. 星期六的魔術表演有 168 人觀賞，其中繼續看老虎表演的有 54 人，觀賞魔術的有 34 名男性，請問有多少人不繼續觀賞老虎表演呢？
6. 大馬戲團表演中有 185 位團員，其中 75 位是穿吊帶褲的，有 63 位的臉被奶油蛋糕擊中，請問有幾位沒被奶油蛋糕擊中？
7. 凡是在週末來觀賞的人都可以參加抽獎，如果這次有 386 位來參加抽獎活動，72 位抽中了獎金，24 位抽中了玩具熊，請問有多少位抽獎的人沒有抽中獎金？
8. 陳龍到馬戲團 112 次，其中有 10 次沒看到大象，有 100 次看到獅子，請問陳龍有幾次看到大象？
9. 俊宏負責餵養及清洗所有的動物，馬戲團裡有 147 隻動物，今天俊宏餵了 85 隻動物，清洗了 36 隻動物，請問俊宏還有幾隻動物沒有清洗？

10. 小林負責爆玉米花，星期六早上他帶來了 188 罐玉米，十點以前他已爆好了 75 罐，並且賣出了 204 袋爆米花。請問有幾罐玉米是在十點以後才爆的？

答案：

1. 116 天
2. 412 張
3. 114 片
4. 123 種
5. 114 人
6. 122 位
7. 314 位
8. 102 次
9. 111 隻
10. 113 罐

單元 41

商店街

1. 在商圈中有 146 家商店，小珍發現其中有 133 家店不是玩具店，請問玩具店有幾家？
2. 為了慶祝新店開幕，有個小丑在那兒發送氣球，他吹了 176 個氣球，送出去的有 103 個。請問他還剩下幾個氣球呢？
3. 羅彬男士精品店中共有 345 套西裝要拍賣，其中有 213 套是三件式的西裝，而有 132 套西裝是棕色或黑色的。請問有幾套西裝不是三件式的？
4. 商店街中有個大的停車場，共停了 279 輛車，小珍發現其中共有 156 輛車的車齡是 3 年，178 輛是 4 門的，請問有幾輛車的車齡不是 3 年的？
5. 一家玩具店中有 166 種玩具，其中有 86 種玩具很昂貴，而有 135 種玩具是屬於電動式的。請問有幾種玩具不屬於電動式的？
6. 小珍和她媽媽上個月去參觀了 132 家店，其中有 101 家正在大拍賣，包括 78 家服飾店。請問有多少家店沒舉行大拍賣？
7. 一家冰淇淋店賣了許多冰淇淋，上星期六有 268 個甜筒被賣出，其中 152 個是巧克力口味的，而有 134 個是加上了一些其他配料的甜筒。請問有幾個甜筒是沒加其他配料的？
8. 鞋店中有 277 雙鞋子，其中 154 雙是涼鞋，而有 85 雙是有色的鞋。請問共有幾雙鞋不是涼鞋？
9. 達達服飾店的生意很好，店中現有 456 件衣服，包括 134 件晚宴服及 171 件尺寸十號的衣服，請問有幾件衣服不是晚宴服呢？
10. 百貨公司正在大拍賣家電用品，在第一週有 458 件家電用品售出，其中包括 227 件廚房用家電及 103 架電視，請問有幾件售出的用品不是廚房用家電？

答案： *1.* 13 家　　*2.* 73 個

3. 132 套　　*4.* 123 輛

5. 31 種　　*6.* 31 家

7. 134 個　　*8.* 123 雙

9. 322 件　　*10.* 231 件

單元 42

果菜市場

1. 朱先生賣了 204 隻豬後，還剩下 187 隻，請問他原先有幾隻豬呢？
2. 潘先生賣了 375 個蕃茄後，剩下 146 個蕃茄和 122 個桃子，請問他原來有多少蔬菜呢？
3. 陶先生從田裡採下 299 串葡萄，還剩下 102 串未採收，請問原先共有多少串葡萄呢？
4. 馬先生和林先生帶著他們的貨品一起到市場來賣，結果馬先生賣了 235 個馬鈴薯，而林先生也賣了 147 個馬鈴薯。後來馬先生剩下 178 個馬鈴薯帶回他的農場，請問馬先生原來有幾個馬鈴薯呢？
5. 李太太在給他的表弟 177 個梨子後，還剩下 206 個桃子，請問她原先有多少水果？
6. 花先生賣掉了 314 朵花及 217 棵樹，結果還剩下 162 朵花，請問他原先有多少朵花呢？
7. 牛大哥賣了 137 頭牛及 111 頭豬，還剩下 24 頭牛，請問牛大哥原先有多少頭牛呢？
8. 廖先生在用了 64 袋飼料之後，還剩下 118 袋飼料，請問他原先有多少袋飼料呢？
9. 李太太裝了 146 個蘋果在袋子裡，另外放了 37 個蘋果在盒子裡；她發現還有 124 個蘋果必須放進袋子中。請問一共有多少個蘋果要放進袋中呢？
10. 單太太賣了 143 盒的蛋，單先生賣了 127 盒的蛋，但是單太太還有 21 盒的蛋要賣。請問單太太一共要賣多少盒的蛋？

答案： *1.* 391 隻　　*2.* 521 個蕃茄
3. 401 串　　*4.* 413 個
5. 383 個　　*6.* 476 朵
7. 161 頭　　*8.* 182 袋
9. 270 個　　*10.* 164 盒

單元 43

電影街

1. 小莉在電影院當售票員，一場電影有 285 張票，在中午 12：30 之前，她已賣了 52 張票，請問她還剩下幾張票要賣？
2. 小莉有 382 張優待票要賣，結果她賣了 250 張優待票及 125 張普通票，請問小莉還有多少張優待票要賣呢？
3. 小莉有 285 張日場票在左手邊，另有 285 張晚場票在右手邊，結果在 1：00 前，她賣了 180 張日場票。請問還剩下幾張日場票？
4. 在 1：45 分之前已有 487 個人買了日場票，其中有 123 張是小孩票。請問有多少是買成人票的？
5. 大風戲院有個比賽，獎品是免費看電影。假如小莉原有 346 張免費電影票，後來她贈送了 142 張票，請問還剩下幾張票？
6. 在比賽的第 3 天小莉必須送出 198 張票，而在第 3 天只有 25 人得到票。請問小莉現在還有多少票呢？
7. 有人闖入辦公室偷走了 135 張票及一些錢，結果警察在走廊找到了 23 張票及 55 元，請問小偷最後偷走多少張票？
8. 小蘇在電影街經營了一家小店，在電影開始之前，小蘇爆了 428 盒爆米花，結果她賣了 215 盒爆米花，而其中 87 盒是加奶油的。請問小蘇現在還有幾盒爆米花？
9. 小蘇有 138 盒口香糖要賣，她賣了 76 盒白箭口香糖、24 盒青箭口香糖及 22 盒黃箭口香糖。請問小蘇還有多少盒要賣？

答案：*1.* 33 張　　*2.* 132 張

3. 105 張　　*4.* 364 人

5. 204 張　　*6.* 173 張

7. 112 張　　*8.* 213 盒

9. 16 盒

單元 44

小丹的運動用品店

1. 小丹的店在舉行秋季大拍賣，他第一週賣了一些健行鞋，第二週又賣了 124 雙，結果兩週共賣了 277 雙的健行鞋。請問第一週賣了多少雙健行鞋呢？

2. 去年冬天，小丹的運動用品店賣出了 148 雙登山鞋，後來在清倉拍賣中又賣出了一些鞋子。如果總共有 364 雙鞋子被賣出，請問清倉拍賣中共賣出多少雙鞋子？

3. 在全國網球比賽之前，小丹賣出了一些網球拍，在循環賽之後，又賣出 300 支網球拍。如果前後共賣出了 462 支網球拍，請問比賽之前小丹賣出多少支網球拍？

4. 某些人在五月買了一些運動衫，而六月有 212 人買了運動衫，137 人買了網球拍；如果這二個月共有 456 人買了運動衫，200 人買了網球拍，請問五月有多少人買了運動衫？

5. 上個月小丹為一些海報加框，這個月他又加框了 216 張海報，前後二個月內總共有 488 張海報被加框。請問第一個月共加框了多少張海報？

6. 小丹於上週賣了 200 支標槍，而這週又多賣出了幾支，結果兩週共有 549 支標槍賣出。請問這週賣出了幾支？

7. 去年小丹賣出了一些十段變速的腳踏車，今年他又多賣出了 213 輛，結果共有 557 輛十段變速的腳踏車被賣出。請問去年他賣出了多少輛？

8. 拍賣前已經有一些人買了雨衣，拍賣結束後發現共賣了 346 件雨衣。已知在拍賣期中有 213 人買了雨衣，請問有多少人在拍賣前買了雨

衣？

9. 去年有 192 個棒球員向小丹買運動服，今年有更多的棒球員來買運動服。如果兩年內總共有 398 個人買了運動服，請問今年有多少人買了運動服？

10. 七月時有些人買了安全帽，而八月時又有 142 個男人及 85 個女人買了安全帽。如果這兩個月中共有 386 個男人買了安全帽，請問七月時有多少個男人買了安全帽呢？

答案：

1. 153 雙	2. 216 雙
3. 162 支	4. 244 人
5. 272 張	6. 349 支
7. 344 輛	8. 133 人
9. 206 人	10. 244 個

單元 45

小喬的餅舖

1. 小蘇到小喬的餅舖買了 2 個巧克力泡芙，而小漢買了 32 個蛋塔，後來小蕾也買了 4 個巧克力泡芙。請問小喬共賣出了多少泡芙呢？
2. 娜娜吃了 4 個泡芙，蓓蓓吃了 5 個麵包，二個小朋友共吃了多少小點心呢？
3. 有個木匠在小喬的店中買了 6 個蛋塔，後來又有位木匠買了 2 個蛋塔，一位電工買了 2 個蛋塔。請問木匠們共買了多少個蛋塔？
4. 小喬昨天一大早烤了 9 個生日蛋糕，而小喬的助手又烤了 5 個生日蛋糕。請問他們共烤了多少生日蛋糕呢？
5. 小山在星期一烤了 8 個新鮮的蛋糕，今天小山和小喬又共同烤了 3 個蛋糕及 5 塊餅乾。請問小山現在有多少蛋糕呢？
6. 小山使用 5 個鍋來烤比薩，而小喬則用了 2 個鍋，烤完後由大衛來清洗所有的用具。請問大衛需洗幾個鍋呢？
7. 小山想試試新的食譜，如果他使用 2 個攪拌器、9 個蛋及 2 條奶油，請問小山用了多少件可以食用的材料呢？
8. 小喬賣了 5 個蘋果派及 6 個草莓派，請問小喬共賣了多少個派？
9. 蕾蕾和珍珍預訂了一個特別的生日蛋糕；蕾蕾希望上面有 4 朵玫塊花，而珍珍則希望上面有 3 個棒棒糖，請問蛋糕上有多少裝飾品？
10. 蕾蕾想買一些宴會中要用的東西，她需要 7 個小蛋糕、9 支小蠟燭及 5 個杏仁巧克力，請問蕾蕾一共想要買多少小點心？
11. 安妮做了 8 個烤牛肉三明治、5 個燻魚三明治及 4 個冰淇淋聖代，請問安妮做了多少三明治？
12. 小喬、小山及大衛到速食店吃午餐，小喬吃了 2 個烤牛肉三明治，小山吃了 1 個聖代，大衛則吃了 1 個烤牛肉三明治及 2 個聖代，請問三人共吃了幾種食物呢？

答案： *1.* 6 個　*2.* 9 個

3. 8 個　*4.* 14 個

5. 11 個　*6.* 7 個

7. 11 件　*8.* 11 個

9. 7 樣　*10.* 12 個

11. 13 個　*12.* 2 種

單元 46

汽車服務中心

1. 亞明賣了 9 輛車，結果店中還剩下 9 輛車，請問原先店中有多少車呢？
2. 亞明上個月賣了 8 輛車，但還有 7 輛車要賣，請問他原先有多少車呢？
3. 有 7 輛車剛裝好音響，另有 5 輛車還沒裝音響，請問原先有多少車需要裝音響？
4. 星期一，亞明接待了 53 位顧客之後，還有 53 位顧客沒接待，請問原先有多少顧客呢？
5. 蔣先生賣了 8 輛機車，但店中還有 7 輛車要賣，請問原有多少車需要賣呢？
6. 上星期服務部門很忙，他們修了 5 個壞引擎及 7 個爆胎之後，還剩下 4 個壞引擎待修。請問原先有多少引擎待修呢？
7. 小德在汽車部半工半讀，他於星期六早上洗了 9 輛二手車，但仍有 69 輛待洗，請問原有多少車需要清洗呢？
8. 蔣先生賣了 7 套輪胎及 3 輛新車，但他仍留有 5 套輪胎及 8 輛新車，請問原有多少輪胎需賣出呢？
9. 小德在賣出 8 個汽車電池之後，仍有 8 個汽車電池待售，請問原先有多少汽車電池？
10. 亞明已讓 7 位女士來試開新車，但他還要讓 2 位男士及 1 位女士來試開，請問總共有多少位女士要來試開新車呢？

答案： *1.* 18 輛　　*2.* 15 輛

3. 12 輛　　*4.* 106 位

5. 15 輛　　*6.* 9 個

7. 78 輛　　*8.* 12 套

9. 16 個　　*10.* 8 位

單元 47

逛書店

1. 包先生和包太太開了一家書店，小傑原有 15 本漫畫，後來又在包家的店中買了 6 本漫畫。請問小傑現在有多少漫畫呢？
2. 小安想買一些紙和書，但他只有 25 個 10 元及 8 個 5 元的硬幣，請問他有多少個硬幣？
3. 小艾在第一個架子上看到了 26 本新書，在第 2 個架子上則看到了 14 本新書及 7 本新雜誌。請問小艾究竟看到多少新書？
4. 小艾修理了 26 個書架及 6 張桌子，後來又修補了 9 本破書。請問小艾修理了多少傢俱呢？
5. 小安和小艾舉行一年一次的大拍賣，今年他們有 19 本精裝書及 64 本平裝書要賣。請問他們共有多少書要賣呢？
6. 小安放了 18 盒的小卡片在櫃台上，他在另一櫃台上又放了 27 盒的信紙。請問小安共放了幾盒東西在櫃台上？
7. 包先生和包太太想為書局佈置一下，小喬剪了 19 張紙娃娃，小珍則剪了 8 張紙雪花片。請問他們共剪下多少紙飾品？
8. 小絲買了 16 本舊字典，而小迪也買了 25 本舊烹飪書，但其中有 3 本是破損的。請問他們共買了多少舊書？
9. 小艾將第一書局關閉了 22 天，並且花了 3 天到湖邊玩，而後小安也將第一書局關了 9 天。請問書店總共關了幾天呢？
10. 小安每週工作 43 小時，而小艾則每週工作 52 小時。請問他們每週共工作幾小時？

答案： *1.* 21 本　　*2.* 33 個
3. 40 本　　*4.* 32 個
5. 83 本　　*6.* 45 盒
7. 27 張　　*8.* 41 本
9. 31 天　　*10.* 95 小時

單元 48

逛街

1. 大得有 12 件襯衫，而他的哥哥有 14 件襯衫，後來大得又買了 6 件襯衫。請問大得現在有多少襯衫呢？大得和他的哥哥共有多少襯衫呢？

2. 大得有 2 件外套，而他的哥哥有 6 件藍色的牛仔褲；大得又在抽獎中得到 1 件外套，請問大得和他哥哥共有多少衣褲？

3. 小珍有 4 件禮服，她的姊姊有 2 件禮服，而她的媽媽有 3 件禮服，請問女孩們共有多少件禮服？

4. 小麗原先有 4 條領帶要當禮物，她在逛街時又多買了 6 條，她的丈夫大得也買了 10 條絲質的領帶，請問小麗和大得共買了多少領帶呢？小麗和大得共有多少領帶呢？

5. 吉恩和美麗很喜歡帽子，吉恩有 4 頂冬天的帽子和 3 頂夏天的帽子，美麗有 9 頂帽子，今天吉恩又買了 1 頂新的夏天帽子，請問吉恩共有多少帽子？

6. 早上珊珊上街買了 2 件褲子，而她媽媽也為珊珊買了 3 件褲子，但是珊珊原先已經有 7 件褲子在家裡了，請問珊珊和她媽媽共買了多少褲子？珊珊共有多少褲子呢？

7. 小惠常自己做衣服，她已為自己做了 5 件紅色的裙子和 3 件藍色的裙子，她媽媽又送給她 12 件裙子和 4 件襯衫，請問小惠現在有幾件裙子？

8. 童先生買了 6 雙運動鞋及 12 雙涼鞋，但原先他已有 10 雙鞋子在家裡，請問童先生究竟新買了多少鞋？童先生共有多少雙鞋？

9. 兄弟棒球隊換新制服，其中有 7 位團員於四月收到新制服，五月時又有 6 位團員收到新制服，而在六月時他們買了 5 支新球棒及 3 件新制

服，請問兄弟棒球隊共收到幾件制服？

10. 丹丹和凱凱去逛街，凱凱買了 2 件褲子及 3 條項鍊，丹丹則買了 2 件襯衫和 4 條裙子。請問他們共買了多少件衣服？

答案：
1. 18 件，32 件
2. 9 件
3. 6 件
4. 16 條，20 條
5. 8 頂
6. 5 件，12 件
7. 20 件
8. 18 雙，28 雙
9. 16 件
10. 8 件

單元 49

到香街城走走

1. 可可和豆豆參觀了 14 個博物館，但還有 8 個博物館還未參觀。請問香街城裡共有幾個博物館?
2. 香街城在元宵節時舉行遊行，3 輛花車通過之後，還有 28 輛花車在後面。請問共有多少花車在遊行行列中？
3. 香街城裡有許多學校需要重新加以油漆，如果已有 19 所小學油漆過了，還有 6 所高中及 3 所小學未被油漆，請問城裡共有幾所小學？
4. 香街城中已有 6 位雜貨商重新裝潢他們的店面，但有 7 位雜貨商還沒有重新裝潢他們的店面。請問香街城中共有幾家雜貨店？
5. 火車站是個很忙碌的地方，中午十二點前已有 15 列火車進站，而十二點之後仍有 9 列火車要進站。請問每天有多少火車要進站？
6. 劉先生在香街城鄉下有土地，他們已經在 17 塊土地上種蔬菜，但還有 16 塊土地需要耕種。請問劉先生共有多少土地？
7. 在香街城中綠園山莊的雕像上有 12 隻鴿子飛走後，留下 23 隻鴿子在原處，請問原先有多少隻鴿子呢？
8. 山莊裡有很漂亮的長椅子，其中有 29 個女人坐在椅子上正在餵鴿子，9 個女人和 6 個男人正在餵松鼠，請問有多少女人在餵動物呢？
9. 每星期日綠園山莊都會舉行樂團音樂會，樂團已經演奏了 9 首國樂及 3 首流行音樂，但仍有 3 首國樂未被演奏，請問樂團星期天共要演奏多少首國樂？
10. 市長通常會給重要訪客一份紀念品，今年市長已送出了 19 份紀念品，但還有 7 份尚未送出，請問市長共有多少份紀念品？

答案：*1.* 22 個 *2.* 31 輛
3. 22 所 *4.* 13 家
5. 24 列 *6.* 33 塊
7. 35 隻 *8.* 38 個
9. 12 首 *10.* 26 份

單元 50

火車站

1. 車掌小姐計算火車中的旅客，有 74 人坐在第一節車廂，85 人坐在第二節車廂，而第一節車廂尚有 48 個空位。請問第一節車廂有多少位子？

2. 某校國二學生正要搭火車去玩，在火車上有 64 位男生、57 位女生，而有 18 位男生沒有參加。請問該班有幾位男生？

3. 一位女孩在火車上賣糕餅，由台北到高雄途中共賣了 28 盒糕餅，還剩 26 盒糕餅。請問她原有多少糕餅？

4. 有列火車早上 8：30 由台北發車，10：30 之前共停了 7 站，到高雄前還有 14 站要停。請問這輛列車在台北到高雄中間需要停幾站？

5. 一位收票員在火車站出口收了 96 張票根之後，他還要收 35 張票根。請問本列火車共賣了多少張票？

6. 餐車上人滿為患，一位女士點了 28 份三明治之後，還剩 28 份三明治要出售。請問原先有多少三明治？

7. 火車的第一個停靠站有 68 位男士和 53 位女士下車，如果還有 37 位男士和 14 位女士在車上，請問車上原先有多少男士？

8. 在郵務列車上有許多包裹要送到高雄，郵差已蓋了 78 個包裹郵戳，尚有 34 個包裹未蓋郵戳。請問在郵務列車上有多少包裹？

9. 小明在火車上看到高速公路上已有 17 輛車經過收費站，另外還有 49 輛車未經過收費站。請問高速公路上有多少車呢？

10. 火車自台北出發已開了 38 公里，如果要到中壢還有 27 公里的路，請問從台北到中壢是多少公里？

答案： *1.* 122 個　　*2.* 82 位

3. 54 盒　　*4.* 21 站

5. 131 張　　*6.* 56 份

7. 105 位　　*8.* 112 個

9. 66 輛　　*10.* 65 公里

單元 51

小夏的小吃店

1. 小夏在賣出 37 個三明治之後，還剩下 63 個三明治。請問小夏原先有多少三明治？
2. 小夏今天做了 17 個新鮮的蛋糕，現在他共有 21 個蛋糕。請問他原先有多少個蛋糕？
3. 陳先生在吃過 5 個包子後，還剩下 8 個包子在盤子上。請問陳先生原先有多少包子？
4. 小夏在賣給張先生 6 公斤的砂糖和 4 公斤的烤牛肉後，還剩下 29 公斤的砂糖。請問小夏原先有多少公斤的砂糖？
5. 小夏將所有的小黃瓜分成 7 袋，每袋有 4 個小黃瓜。請問小夏共有多少小黃瓜？
6. 午餐時間坐滿了 5 張桌子，空出了 13 張桌子，而每張桌子坐了 6 個人。請問共有多少桌子？
7. 小夏買了 17 個新燈後，現在他共有 26 個燈。請問小夏原有多少個燈？
8. 午餐時客人吃了 26 盤沙拉後，還剩下 6 盤沙拉，而小夏決定下午再做 12 盤沙拉。請問午餐前有多少盤沙拉？
9. 苗先生向小夏買了 48 個蛋糕來開舞會，他現在共有 60 個蛋糕。請問他原先有多少個蛋糕？
10. 小夏剛做好了 14 個三明治，現在他共有 51 個三明治。請問他原先有多少個三明治？

答案：*1.* 100 個　　*2.* 4 個
3. 13 個　　*4.* 35 公斤
5. 28 個　　*6.* 18 張
7. 9 個　　*8.* 32 盤
9. 12 個　　*10.* 37 個

單元 52

奇妙的數字

你知道直行 1～5 的數字中，每一個數字均可以由橫列 1、2、4 數字加以組合表示嗎？例如：

1 = 1

2 = 2

3 = 1 + 2

4 = 4

5 = 1 + 4

	1	2	4
1	V		
2		V	
3	V	V	
4			V
5	V		V

1. 按照上面的方式，完成下列的表格，

使得直行 6～31 的數字都可以用橫列 1、2、4、8、16 加以組合表示。

	1	2	4	8	16
6					
7					
8					
9					
10					
11					
12					
13					
14					
15					
16					
17					
18					
19					
20					
21					
22					
23					
24					
25					
26					
27					
28					
29					
30					
31					

2. 完成上列的表格之後，畫出 16 格（ 4×4 ）的方塊五個，在甲方塊中依序填入數字「1」欄中打勾的數目，如：1、3、5、7；在乙方塊中依序填入數字「2」欄中有打勾的數目，如：2、3、6、7；在丙方塊中依序填入數字「4」欄中有打勾的數目，如：4、5、6、7；在丁方塊中依序填入數字「8」欄中有打勾的數目，如：8、9、10、11；在戊方塊中依序填入數字「16」欄中有打勾的數目，如：16、17、18、19。現在有五組方塊，每一組方塊的左上角數字分別為 1、2、4、8、16。請一位朋友由 1～31 中選出一個數字，並問他在甲、乙、丙、丁、戊五方塊中，哪幾個方塊中有這個數字。如果他選 11，發現在甲、乙、丁方塊中均有 11 出現，則將甲、乙、丁方塊中最左上角的數字 1、2、8 相加總和為 11，即為對方所選出之數字，你說神奇不神奇？

甲	1	3	5	

乙	2	3	6	

丙	4	5		

丁	8	9		

戊	16	17		

答案：*1.*

	1	2	4	8	16
6		V	V		
7	V	V	V		
8				V	
9	V			V	
10		V		V	
11	V	V		V	
12			V	V	
13	V		V	V	
14		V	V	V	
15	V	V	V	V	
16					V
17	V				V
18		V			V
19	V	V			V
20			V		V
21	V		V		V
22		V	V		V
23	V	V	V		V
24				V	V
25	V			V	V
26		V		V	V
27	V	V		V	V
28			V	V	V
29	V		V	V	V
30		V	V	V	V
31	V	V	V	V	V

2.

1	3	5	7
9	11	13	15
17	19	21	23
25	27	29	31

甲

2	3	6	7
10	11	14	15
18	19	22	23
26	27	30	31

乙

4	5	6	7
12	13	14	15
20	21	22	23
28	29	30	31

丙

8	9	10	11
12	13	14	15
24	25	26	27
28	29	30	31

丁

16	17	18	19
20	21	22	23
24	25	26	27
28	29	30	31

戊

單元 53

金錢(一)

1. 假如你有 1 個 10 元和 2 個 5 元，那麼你總共有多少元？
2. 假如你有 2 個 5 角、1 個 5 元、3 個 1 元，那麼你總共有多少元？
3. 100 元是 100 個 1 元，也可換算成不同的錢幣：

   (1) 100 元＝（　　）個 10 元

   (2) 100 元＝（　　）個 5 元

   (3) 100 元＝（　　）個 50 元
4. 30 元可換成不同的錢幣：

   (1) 30 元＝（　　）個 10 元

   (2) 30 元＝（　　）個 5 元

   (3) 30 元＝（　　）個 10 元＋（　　）個 5 元＋（　　）個 1 元

   (4) 30 元＝（　　）個 10 元＋（　　）個 5 元

   (5) 30 元＝（　　）個 5 元＋（　　）個 1 元
5. 寫出 75 元的不同幣值換算方式：

   (1) 75 元＝（　　）個 5 元

   (2) 75 元＝（　　）個 10 元＋（　　）個 5 元

   (3) 75 元＝（　　）個 5 元＋（　　）個 1 元
6. 如果你要買一本 330 元的書，現在你有 3 張 100 元鈔票，1 個 50 元，1 個 10 元硬幣，請問你要拿出哪些錢幣付錢？可找回多少錢？
7. 如果你買一本簿子 25 元，鉛筆盒 34 元，原子筆 15 元，而你的錢包裡現有 50 元硬幣 1 個，10 元硬幣 2 個，5 元硬幣 2 個，請問你要給收銀員多少元？找回多少元？

8. 寫出 55 元的不同幣值換算方式：

(1) 55 元＝（　　）個 1 元

(2) 55 元＝（　　）個 5 元

(3) 55 元＝（　　）個 10 元＋（　　）個 5 元

(4) 55 元＝（　　）個 10 元＋（　　）個 5 元＋（　　）個 1 元

答案：1. 20 元

2. 9 元

3. (1) 10　(2) 20　(3) 2

4. (1) 3　(2) 6　(3) 2，1，5（有多組答案）

(4) 1，4（有多組答案）(5) 5，5（有多組答案）

5. (1) 15　(2) 7，1（有多組答案）(3) 14，5（有多組答案）

6. 3 張 100 元和 1 張 50 元，找回 20 元

7. 1 個 50 元、2 個 10 元和 1 個 5 元，共 75 元，找回 1 元

8. (1) 55　(2) 11　(3) 5，1（有多組答案）

(4) 4，2，5（有多組答案）

單元 54

金錢(二)

1. 如果你媽媽給你 2 個 5 元，那麼她一共給你多少元？
2. 如果你有 3 個 10 元、4 個 5 元及 4 個 1 元，那麼可以有多少種 44 元的不同組合方式？
3. 如果你有 6 張 100 元的鈔票、4 個 5 元及 5 個 10 元硬幣，你總共有多少元？
4. 如果你有 3 個 10 元、5 個 5 元及 5 個 1 元，那麼可以有多少種 50 元的不同組合方式？
5. 3 個硬幣共 30 元，請問每個硬幣是多少元？
6. 你有幾張 50 元紙幣及幾個 5 元硬幣，合起來的錢數是 325 元，請問你有幾張紙幣？幾個硬幣？
7. 如果你有 3 個 5 元、2 個 10 元及 6 個 1 元，買糖果需花 32 元，請問你應如何拿出你的錢幣付錢？
8. 如果你買了一本雜誌共付了 4 個 10 元、2 個 5 元及 7 個 1 元，請問雜誌要多少元？
9. 將 20 元換成最少的錢幣數，是多少元的硬幣幾個？
10. 將 100 元換成最少的錢幣數，是多少元的硬幣幾個？
11. 如果你有35元，小美有35元再加一枚硬幣，請問小美最多有多少元？
12. 如果你要給朋友 80 元的硬幣，你應如何用最少的硬幣數給他呢？

答案：*1.* 10 元　　*2.* 二種

3. 670 元　　*4.* 三種

5. 10 元　　*6.* 6 張紙幣，5 個硬幣（有多組答案）

7. 2 個 10 元，2 個 5 元，2 個 1 元　　*8.* 57 元

9. 10 元 2 個　　*10.* 50 元 2 個

11. 85 元　　*12.* 50 元 1 個，10 元 3 個

單元 55

立人的超級市場

1. 立人做了 175 個三明治，大志做了 136 個三明治，請問這些男孩共做了幾個三明治？
2. 立人賣了 199 包蕃茄，大志賣了 201 包黃瓜，請問他們共賣了幾包蔬菜？
3. 立人在第一排擺上 132 罐魚罐頭，在第二排擺上 129 罐水蜜桃罐頭，請問立人共有幾罐罐頭？
4. 星期一立人賣了 144 公斤的蘋果，星期二大志賣了 182 公斤的蘋果，請問他們共賣了幾公斤蘋果？
5. 小蘇、小麗和小比分攤舞會的購物工作，小蘇買了 268 件東西，小比買了 121 件東西，小麗則買了 163 件東西，請問他們共買了多少件東西？
6. 小琦和小包必須清理後院，小琦在那兒找到了 170 個空罐子，小包找到了 146 個瓶子，後來他們又一同找到了 100 個瓶蓋，請問他們共找到了幾個容器？
7. 立人買了 634 盒水蜜桃、425 盒玉米和 268 盒櫻桃，請問立人共買了幾盒水果？
8. 屠夫切了 345 塊牛排和 276 塊羊排，但其中的 204 塊牛排有特殊用途，請問屠夫共切了幾塊食物？
9. 小琦將 218 包小米放在物架上，小可將 141 包小米放在物架上，後來小琦又發現 202 包葡萄乾壞掉了，請問他們共放置了幾包小米？
10. 王先生帶來了 385 包的冷凍水餃和 253 個橘子，而立人也帶來了 369 包冷凍水餃，請問共有幾包冷凍水餃？

答案： *1.* 311 個 *2.* 400 包

3. 261 罐 *4.* 326 公斤

5. 552 件 *6.* 416 個

7. 902 盒 *8.* 621 塊

9. 359 包 *10.* 754 包

單元 56

歡樂時光

1. 小旦在賣出 27 包口香糖後，還剩下 319 包口香糖，請問他原有幾包口香糖呢？
2. 小麗在送出 95 支棒棒糖後，還剩下 16 支棒棒糖，請問她原有幾支棒棒糖？
3. 小湯在賣出 125 支電燈後，還需再賣出 215 支電燈才能獲得紅利，請問他共需賣出幾支電燈才行？
4. 珍珍在給她朋友 37 個球後，還剩下 37 個球，請問她原先有幾個球？
5. 小美在給她朋友 187 面鏡子後，還剩下 24 面鏡子，而青青有 9 面鏡子，請問小美原先有幾面鏡子？
6. 青青在給她朋友 74 包糖後，還有 19 包糖，其中她給了小傑 21 包、山姆 13 包，其餘都給了大得，請問青青原先有幾包糖？
7. 許先生給他媽媽 94 棵玫瑰後，他的花園裡還有 17 棵玫瑰和 24 棵百合，請問許先生原先有幾棵玫瑰？
8. 阿吉睡前吃了 34 顆花生，但他仍有 18 顆花生和 12 顆糖沒吃，請問他原先有幾顆花生？
9. 蘇太太每天早餐前要洗 31 個圓盤，並會留 19 個圓盤和 41 個方盤於午餐前洗，請問蘇太太每天需洗幾個圓盤？
10. 小湯正在爬樓梯，爬完 72 個階梯還有 39 個階梯，請問共有幾個階梯？

答案：*1.* 346 包　　*2.* 111 支
3. 340 支　　*4.* 74 個
5. 211 面　　*6.* 93 包
7. 111 棵　　*8.* 52 顆
9. 50 個　　*10.* 111 個

單元 57

同樂會

1. 同樂會上小湯用了 130 個裝飾品後，還剩下 84 個裝飾品，他原有幾個裝飾品呢？

2. 小艾為同樂會做了些果汁，她用了 62 個橘子後還剩下 28 個橘子，她原先有幾個橘子？

3. 阿得一小時內貼了 131 張海報，莎莉則貼了 67 張，而阿得還有 63 張海報要貼，請問阿得共有幾張海報要貼？

4. 男孩們為同樂會安排了 78 張桌子和 64 張椅子，但還有 24 張椅子要排，請問共有幾張椅子需要安排呢？

5. 小湯和小艾在同樂會上發小點心和果汁，小湯發了 142 個小點心和 125 杯果汁，而小艾發了 79 個小點心後，還剩下 46 個小點心。請問他們原先有多少個小點心？

6. 莎莉在賣出 41 張票後還有 128 張票，請問她原有幾張票？

7. 舞蹈比賽有 173 個人參加，但有 85 個人還沒跳完，且有 64 個人先離開了，請問現在共有多少人在會場上？

8. 同樂會當晚來了 24 位老師，其中 3 位有帶太太來，請問共有幾位老師出席？

9. 播音員在放了 78 片 CD 之後還有 185 片 CD 要放，請問他原本要放幾片 CD 呢？

10. 將以上 9 題的最小答案加上最大的答案，是不是 572 呢？

答案：*1.* 214 個　　*2.* 90 個

3. 194 張　　*4.* 88 張

5. 267 個　　*6.* 169 張

7. 109 人　　*8.* 24 位

9. 263 片　　*10.* 不是，是 291

單元 58

消費技能

1. 你的錢包裡有 7 個 10 元、2 個 5 元及 3 個 1 元，如果想買 78 元的雜誌，是否足夠？如果不夠，還需多少錢？
2. 你的錢包裡有 5 個 10 元、3 個 5 元及 7 個 1 元，如果想買 95 元的東西，是否足夠？如果不夠，還需多少錢？
3. 你的姊姊有 2 個 5 元及 12 個 1 元，而你有 2 個 10 元及 4 個 1 元，如果你們的錢合起來想要買 2 個 25 元一個的冰淇淋，是否足夠？如果不夠，還需多少錢？
4. 你的錢包中有 1 元、5 元、10 元硬幣共 40 元，請問這三種硬幣可能各是多少個？
5. 假如你有 4 張 100 元鈔票，一些 50 元、10 元、5 元的硬幣，總共剛好 580 元。請問你有多少個 50 元、10 元及 5 元的硬幣呢？
6. 你有 2 個 10 元硬幣、2 個 5 元硬幣和 1 個 1 元硬幣在手中，而你的朋友比你多了一個硬幣在手中。你的朋友最多可能有多少元？最少可能有多少元？
7. 請寫出 65 元的最少錢幣組合方式及最多錢幣的組合方式（請不要使用 1 元）。
8. 如果一餐的漢堡加薯條及可樂需花費 137 元，而你有 8 個 10 元、2 個 5 元、3 個 1 元，請問是否足夠吃一餐？如果不夠，還需多少錢？
9. 如果你要還 430 元給你哥哥，但是沒有 100 元的鈔票，所以只好拿錢幣，但是沒有 5 元及 50 元的錢幣，請問你如何用最少的錢幣數拿出 430 元給他？
10. 如果你有 2 張 100 元的鈔票和一些 10 元硬幣，要還 430 元給你哥哥，請問你還要拿出多少個 10 元硬幣？

11. 如果你有 8 個 10 元和 2 個 5 元，請問是否夠買 135 元的書？如果不夠，還需多少元？

12. 你媽媽給你 2 個 10 元，你爸爸給你 3 個 5 元，你哥哥給你 7 個 1 元。如果你想要買 35 元的聖代需付多少硬幣？

答案： *1.* 夠

2. 不夠，23 元

3. 不夠，4 元

4. 10 元 3 個，5 元 1 個，1 元 5 個（有多組答案）

5. 3 個 50 元，2 個 10 元，2 個 5 元

6. 81 元，32 元

7. 50 元 1 個，10 元 1 個，5 元 1 個；5 元 13 個

8. 不夠，44 元

9. 43 個 10 元

10. 23 個

11. 不夠，45 元

12. 2 個 10 元和 3 個 5 元

單元 59

飛機場

1. 大得先看到機場上停著一些飛機，後來又看到飛來了 6 架，如果他總共看到 23 架飛機，請問大得原先看到幾架飛機？

2. 小莉在機場算售票亭，最初發現有 8 個售票亭，後來又看到了幾個，結果總共算了 24 個售票亭。請問她加算了幾個售票亭？

3. 大得看到了一些巴士離開機場後，又有 4 輛巴士離開了。如果他一共看到 33 輛巴士離開機場，請問他原先看到幾輛巴士離開機場呢？

4. 小傑在看見幾輛計程車等著載客之後，又看見了 3 輛，結果他共看見 40 輛計程車。請問他原先看見幾輛計程車呢？

5. 小蘇在看見一些行李車進入機艙後，又看見了 8 輛，結果她共看見了 62 輛行李車。請問她原先看見了幾輛行李車呢？

6. 管理員讓 9 輛汽車停在停車場，後來又多停了幾輛，結果停車場中共停了 78 輛汽車。請問後來又停了幾輛車？

7. 在 5 位空中小姐下了飛機後，又下來了幾位，結果共有 24 位空中小姐下了飛機。請問後來下來了幾位空中小姐？

8. 有個售票員在賣出 7 張票之後又賣了幾張，結果他共賣出了 61 張票。請問他後來又賣出了幾張？

9. 空中小姐在供應了 4 個人的餐點之後，又服務了幾個人，結果共供應了 41 個人的餐點，請問她後來又再服務了幾個人？

10. 飛行員駕駛飛機飛去台中 8 次後，又加飛了幾次，結果共飛了 33 次。請問後來又加飛了幾次呢？

答案：*1.* 17 架　　*2.* 16 個

3. 29 輛　　*4.* 37 輛

5. 54 輛　　*6.* 69 輛

7. 19 位　　*8.* 54 張

9. 37 人　　*10.* 25 次

單元 60

祖母的閣樓

1. 永珍和依文在祖母的閣樓裡找到了 12 個箱子，其中 4 個被鎖上了。請問有幾個沒被鎖上呢？
2. 依文打開了其中一個箱子，發現了 15 本集郵冊，而其中的 7 本是完整的。請問有幾本是不完整的？
3. 永珍喜歡穿祖母的舊衣服，她找到了 26 件舊衣服和 15 頂帽子，並試穿了其中的 9 件舊衣服。請問永珍沒試穿的有幾件衣服呢？
4. 永珍和依文各看了 15 本和 21 本照相簿，其中永珍看的 8 本是有關結婚的相本。請問永珍看的相本中有幾本不是結婚相本？
5. 依文找到了 12 雙老式的鞋子，其中 5 雙是棕色的，2 雙是黑色的，請問有幾雙不是黑色的鞋子？
6. 依文又在一個箱子中找到了 22 面舊鏡子，其中 6 面是金黃色的，另外 8 面是銀色的。請問有幾面鏡子不是金黃色的？
7. 依文和永珍共拿出了 13 個雨傘架和 5 個衣架，其中 6 個雨傘架有雨傘放在裡面。請問有多少雨傘架裡沒有雨傘？
8. 依文在一個銀盒子裡發現了祖父的 19 面獎牌，其中 4 面有加緞帶，7 面稍有破損。請問有幾面獎牌沒有破損？
9. 永珍和依文分別讀了 21 封和 14 封祖父寫給祖母的情書，在依文讀的情書中有 5 封是寫於戰時。請問依文究竟讀了幾封不是戰時寫的信？
10. 永珍在閣樓中找到了 24 件舊傢俱，其中 8 件是屬於嬰兒用的，請問有幾件不是嬰兒用的舊傢俱呢？

答案：*1.* 8 個　*2.* 8 本
3. 17 件　*4.* 7 本
5. 10 雙　*6.* 16 面
7. 7 個　*8.* 12 面
9. 9 封　*10.* 16 件

單元 61

野餐日

1. 今天是野餐日，男孩們帶了 91 片肉，其中的 59 片是漢堡肉，請問有幾片不是漢堡肉呢？
2. 小霖的媽媽用了 54 片水果做一份野餐的沙拉，其中的 28 片是草莓，請問有幾片不是草莓的水果？
3. 小玫從她的農場裡摘了 58 個蘋果帶去野餐，但其中 19 個是壞掉的，請問有幾個蘋果是好的呢？
4. 史先生帶了 84 塊餅乾去野餐，有 67 塊被大家吃了，請問還剩下幾塊餅乾呢？
5. 丟蛋比賽相當有趣，史先生帶了 62 個蛋參賽，結果有 37 個蛋被丟破了，有 15 個小孩贏了比賽，請問有幾個蛋沒有破呢？
6. 體育組撥出了 41 種運動器材讓小朋友使用，其中的 18 種是棒球，12 種是有破損的，請問有幾種運動器材沒有破損？
7. 史太太為野餐做了 53 個蛋塔，其中的 17 個在中午 12 點前就被吃掉了，另外 18 個則在下午一點前被吃掉，請問有幾個蛋塔沒有在中午 12 點前被吃掉？
8. 史先生做了 41 個漢堡，但有 36 個是燒焦的，請問有幾個沒有燒焦呢？
9. 有 43 位女孩子參加烤肉活動，其中有 19 位吃到了烤肉，請問有幾位沒有吃到烤肉呢？
10. 有 92 個人參加野餐，其中的 58 位搭學校巴士回家，而史太太用她的車子載了 9 個人回家，請問有幾個人沒有搭學校巴士回家呢？

答案： *1.* 32 片　*2.* 26 片
3. 39 個　*4.* 17 塊
5. 25 個　*6.* 29 種
7. 36 個　*8.* 5 個
9. 24 位　*10.* 34 人

單元 62

身高和體重

1. 小吉重 35 公斤，他的爸爸重 80 公斤，小吉的爸爸比小吉重了幾公斤呢？
2. 小麗比小雲矮了 27 公分，而小霞又比小麗高 15 公分，如果小雲身高 161 公分，那麼小麗的身高是多少呢？
3. 小麗比她的媽媽輕了 24 公斤，而她的媽媽重 61 公斤，所以小麗的體重是多少呢？
4. 吳老師班上最高的學生是 162 公分，最矮的比最高的少了 19 公分，請問最矮的學生是幾公分？
5. 小唐是吳老師班上最矮的學生，而他又比青青矮了 15 公分，請問青青有多高呢？（配合第 *4.* 題來計算）
6. 班上最重的學生是 51 公斤，最輕的又比最重的輕了 19 公斤，請問最輕的是幾公斤呢？
7. 吳老師比護士小姐輕了 12 公斤，而護士小姐的體重是 70 公斤，那麼吳老師有多重呢？
8. 吳老師身高 170 公分，護士小姐比她矮了 16 公分，請問護士小姐有多高呢？
9. 大得有 180 公分高，小平有 189 公分高，而亭雲又比大得矮了 14 公分，請問亭雲有幾公分高呢？
10. 如果小廷比小平輕 23 公斤，而小平重 80 公斤，那麼小廷重幾公斤呢？

答案：*1.* 45 公斤　　*2.* 134 公分

3. 37 公斤　　*4.* 143 公分

5. 158 公分　　*6.* 32 公斤

7. 58 公斤　　*8.* 154 公分

9. 166 公分　　*10.* 57 公斤

單元 63

天氣

1. 七月裡有 13 個晴天，而在六月和七月共有 22 個晴天。請問六月有幾個晴天呢？
2. 氣象台預測天氣，兩個月共有 36 次是正確的預測，上個月氣象播報員預測正確 19 次，請問這個月預測正確的次數是幾次？
3. 在前年發生了幾次地震，而去年又發生了 11 次，兩年內共有 21 次地震，請問前年究竟有幾次地震呢？
4. 昨天下了 38 公釐的雨，今天又下了 96 公釐的雨，請問二天共下了多少公釐的雨呢？
5. 玉山一月份下了大雪，二月份又下了 44 公分的雪，結果兩個月共下了 101 公分的雪，請問一月份究竟下了多少雪？
6. 七月有 19 天的溫度超過 30℃，八月也有幾天超過了 30℃。如果七、八兩個月共有 42 天的溫度超過了 30℃，請問八月共有幾天的溫度超過 30℃呢？
7. 台北市去年有 132 個雨天，今年也有好多個雨天。如果在這兩年中共有 265 個雨天，請問台北市今年有多少個雨天呢？
8. 去年亞洲有 12 個颱風來襲，今年也有幾個。如果兩年內共有 36 個颱風，請問亞洲今年共有幾個颱風呢？
9. 四月下了好幾天雨，五月也下了 19 天雨。如果兩個月共下了 41 天的雨，請問四月究竟下了幾天的雨呢？
10. 有一年美國來了 16 個龍捲風，第二年又有一些龍捲風。如果兩年共有 32 個龍捲風，請問第二年究竟有幾個龍捲風呢？

答案： *1.* 9 個　　*2.* 17 次

3. 10 次　　*4.* 134 公釐

5. 57 公分　　*6.* 23 天

7. 133 個　　*8.* 24 個

9. 22 天　　*10.* 16 個

單元 64

市立高中

1. 學校圖書館的書架上有 36 本不同的書，方老師的學生拿走了 28 本，請問還剩下幾本？
2. 永奇有 52 張海報要張貼在圖書館，他的朋友幫他貼了 28 張，請問永奇還需張貼幾張海報呢？
3. 永奇為圖書館購買了 22 本新書，有學生借走了 15 本新書和 5 本雜誌，請問圖書館現在剩幾本新書呢？
4. 邱老師為了戶外教學租了一輛巴士，裡面共有 44 個座位，而樂團的團員佔去了 36 個位子，請問現在還有多少空位？
5. 市立高中的樂團裡有 27 個喇叭及 2 套鼓，若有 18 個喇叭要送修，那樂團裡還有多少個喇叭呢？
6. 糕餅店要大拍賣 92 打小點心，第一個顧客購買了 15 打甜甜圈及 15 杯咖啡。請問現在還剩幾打小點心？
7. 學校儀隊預訂了 32 枝新儀杖，其中 15 枝因太短而被退貨，另有 12 枝是藍色的。請問儀隊中還有幾枝新儀仗？
8. 邱老師的樂團打算演奏 43 首曲子，其中的 14 首是為合唱團伴奏，而這個樂團已演奏了 16 首曲子。請問此樂團還需演奏幾首曲子呢？
9. 音樂會共擺置了 41 張椅子，其中的 13 張壞掉了，請問還剩幾張好的椅子？
10. 將前面九題答案中最大的數減去第二大的數，答案應該是 49，對嗎？

答案：*1.* 8 本　　*2.* 24 張

3. 7 本　　*4.* 8 個

5. 9 個　　*6.* 77 打

7. 17 枝　　*8.* 27 首

9. 28 張　　*10.* 對

單元 65

比高矮

1. 楓樹比橡樹高300公分，橡樹是600公分高，請問楓樹是幾公分高呢？
2. 旗竿比建築物高 10 公尺，建築物高 45 公尺，那麼旗竿高幾公尺呢？
3. 小琦比她的媽媽矮 20 公分，她的媽媽比書架矮 20 公分。小琦是 130 公分高，請問她的媽媽有多高？書架有多高呢？
4. 磚牆比木籬笆高 13 公分，磚牆是 42 公分高，那麼木籬笆有多高呢？
5. 粉筆比鉛筆短 2 公分，粉筆長 5 公分，請問鉛筆長幾公分？
6. 桌子比書架矮 15 公分，桌子高 60 公分，那麼書架高幾公分？
7. 雲雲比小包矮 10 公分，雲雲是 140 公分高，請問小包是幾公分高？
8. 小丹丟的球比小卡丟的球高 30 公分，小卡丟的球高 45 公分，請問小丹丟的球有多高呢？
9. 咖啡杯高 12 公分，酒杯比咖啡杯高 9 公分，請問酒杯有多高呢？
10. 小丹比小卡高 12 公分，小卡比小吉高 15 公分，小吉高 159 公分，請問小卡和小丹各為幾公分？

答案：
1. 900 公分
2. 55 公尺
3. 媽媽 150 公分，書架 170 公分
4. 29 公分
5. 7 公分
6. 75 公分
7. 150 公分
8. 75 公分
9. 21 公分
10. 小卡 174 公分，小丹 186 公分

單元 66

小瓊的生日

6						
日	一	二	三	四	五	六
			1	2	3	4
5	6	7	8	9	10	11
12	13	14	15	16	17	18
19	20	21	22	23	24	25
26	27	28	29	30		

7						
日	一	二	三	四	五	六
					1	2
3	4	5	6	7	8	9
10	11	12	13	14	15	16
17	18	19	20	21	22	23
24	25	26	27	28	29	30
31						

民國 83 年 6 月 23 日這天宏義開始為小瓊做生日禮物，宏義希望能在 3 週內完成這個禮物，因為那天將是小瓊的生日。生日禮物是一輛腳踏車，宏義花了 6 天的時間完成了煞車，然後又花了 3 天做好椅子，而把手和輪胎又花了 5 天才做好。

在小瓊生日的前 3 天宏義開始了油漆的部分。小瓊真的很喜歡宏義送的禮物，然後小瓊在生日的 2 天後去環島旅行了 12 天。

這真是個特別的生日，因為小瓊 15 歲了。小瓊妹妹比小瓊整整小了 2 年零 1 個月，她現在是 13 歲，而宏義又比小瓊大了 1 歲。

1. 小瓊的生日是什麼時候呢？
2. 那是星期幾呢？
3. 宏義在哪一天完成了煞車？
4. 在哪一天完成了座椅？
5. 煞車、把手和輪子哪一個做的時間比較久？
6. 把手和輪子是在哪一天完成的？
7. 宏義在哪一天開始油漆的部分？
8. 小瓊何時離開去環島旅行？
9. 小瓊是哪一天回來？那天是星期幾？
10. 小瓊生於民國幾年？
11. 小瓊妹妹的生日是什麼時候？
12. 小瓊妹妹生於民國幾年？
13. 宏義幾歲？
14. 宏義生於民國幾年？
15. 誰的年紀最大？誰最年輕？
16. 4 年後小瓊幾歲？
17. 民國 90 年時宏義幾歲？
18. 民國 85 年時小瓊妹妹幾歲？
19. 今天是幾號呢？

答案：1. 7月14日　　2. 星期四
3. 6月28日　　4. 7月1日
5. 煞車　　6. 7月6日
7. 7月11日　　8. 7月16日
9. 7月28日，星期四　　10. 民國68年
11. 8月14日　　12. 民國70年
13. 16歲　　14. 民國67年
15. 宏義最大，小瓊妹妹最小　　16. 19歲
17. 23歲　　18. 15歲
19. ___號（說出教學時的時間）

單元 67

生日和星座

一年裡有 12 個月，而在浩瀚的星河中，也有 12 個星座對應著不同生日的人們。讓我們一起來找出自己的星座，以及回答下列的問題。

牡羊座—3 月 21 日至 4 月 19 日	天秤座—9 月 23 日至 10 月 23 日
金牛座—4 月 20 日至 5 月 20 日	天蠍座—10 月 24 日至 11 月 22 日
雙子座—5 月 21 日至 6 月 21 日	射手座—11 月 23 日至 12 月 21 日
巨蟹座—6 月 22 日至 7 月 22 日	魔羯座—12 月 22 日至 1 月 19 日
獅子座—7 月 23 日至 8 月 22 日	水瓶座—1 月 20 日至 2 月 18 日
處女座—8 月 23 日至 9 月 22 日	雙魚座—2 月 19 日至 3 月 20 日

1. 你的生日是幾月幾日？屬於什麼星座？
2. 牡羊座是幾月幾日到幾月幾日？共多少天？
3. 小剛是在魔羯座的第 4 天出生，小剛的生日是哪一天？
4. 阿雯比阿信早 5 天出生，阿信的生日是 2 月 22 日，阿雯的生日是哪一天？阿信屬於雙魚座，阿雯是屬於什麼星座呢？
5. 小珊比 1 月 1 日晚 2 個月出生，她是屬於什麼星座呢？
6. 獅子座共有幾天？
7. 有朋是天秤座，奇隆是天蠍座，而有朋與奇隆的生日，事實上只相差一天，請問有朋和奇隆的生日各是哪一天？
8. 有三兄弟他們的生日剛好都相差二星期。大哥的生日在 4 月 16 日，屬於牡羊座，二星期後是二哥的生日，再過二星期是小弟的生日，請問二哥和小弟的生日各是哪一天？

9. 洛基比培基的生日早一個月，而且都是金牛座的，請問他們的生日各是哪一天？

10. 美祿是在處女座結束前 8 天出生，美祿的生日是哪一天？

答案：1. ____月____日______座　（依學生實際情況填答）

2. 3 月 21 日至 4 月 19 日，共 30 天

3. 12 月 25 日

4. 2 月 17 日，水瓶座

5. 雙魚座

6. 31 天

7. 有朋是 10 月 23 日，奇隆是 10 月 24 日

8. 二哥是 4 月 30 日，小弟是 5 月 14 日

9. 4 月 20 日和 5 月 20 日

10. 9 月 14 日

單元 68

戲劇表演

1. 許多人都想參加戲劇表演，在前兩天的試演中共有 153 個人參加。如果第一天有 68 個人參加，那麼第二天有多少人參加呢？
2. 有 351 個人預約了新戲的開幕典禮，其中的 67 個位子是給小孩的，請問有多少個位子不是給小孩的？
3. 215 個人參加試演，只有 52 個人能獲得演出的機會，而其中的 125 個人已經有過演出的經驗。請問有多少人不能獲得演出的機會？
4. 演員們花了 196 個小時在預演上，其中的 19 個小時花在穿衣服的排演上，請問有幾個小時不是花在穿衣服的排演上？
5. 童先生的百貨公司捐贈了 125 件衣服，其中有 73 件冬天的外套和 25 件襯衫，那麼有幾件不是外套的衣服呢？
6. 第二晚的表演有 382 個位子被預訂，其中 69 個人已預先繳費，那麼有幾個人未預先付費呢？
7. 中場時有點心販賣，他們賣了 135 個三明治和 290 杯飲料，如果其中的 87 杯飲料不是檸檬口味，請問有幾杯飲料是檸檬口味？
8. 小葳非常緊張，因為她有 213 行台詞要背，其中的 85 行是在第一幕，請問有多少台詞不在第一幕？
9. 整個場景使用了 137 罐油漆和 100 公尺的木材，如果他們使用的 55 罐是白油漆，請問有幾罐油漆不是白的？
10. 某電視公司製作了 362 個節目，其中的 87 個節目是兒童節目，請問有多少個節目不是兒童節目呢？

答案：*1.* 85 人　　*2.* 284 個
3. 163 人　　*4.* 177 小時
5. 52 件　　*6.* 313 人
7. 203 杯　　*8.* 128 行
9. 82 罐　　*10.* 275 個

單元 69

加油站（附加修車）

1. 菲菲在加油站裡工作，有個星期天來了 718 輛車，其中的 198 輛是要做輪胎打氣，而另外 207 輛是要加油，請問有幾輛車不需要打氣？
2. 加油站賣了 422 公升的汽油，其中的 137 公升是賣給八輪的大卡車，請問有幾公升汽油不是賣給八輪的大卡車？
3. 有個禮拜天有 594 輛車下高速公路，其中的 289 輛到加油站加油，而小潔看到了 132 輛新車，請問有幾輛車沒停下來加油？
4. 菲菲在星期二洗了 181 面擋風玻璃，如果其中的 109 面不是跑車上的，而且有 52 輛是紅色的車，請問有幾面玻璃是跑車上的擋風玻璃？
5. 星期一開來了 213 輛車，但助手忘了清洗其中 105 輛車的擋風玻璃，請問助手共洗了幾面擋風玻璃？
6. 這一天共有 162 個人使用了洗手間，其中 107 個是女生，有 69 個是小孩，請問除了女生以外，有多少人使用了洗手間？
7. 有一天有 209 個人在路上打電話要求幫忙，菲菲接聽了 137 通電話，其中有 118 通電話是要換輪胎的，請問有幾通電話不是要換輪胎的？
8. 在民國 83 年的冬天，這個加油站接到了 402 通電話，其中有 156 通是一月打進來的，有 195 通電話是要修故障的引擎，請問有幾通電話不是一月打進來的？
9. 吳先生是修車店的老板，有一個月他修了 192 輛車，如果他幫 85 輛車子加裝了新引擎，幫 107 輛車加裝冷卻系統，請問有幾輛車子沒有加裝冷卻系統？
10. 吳先生在八月份做了一次輪胎大拍賣，他準備拍賣 351 個輪胎，結果在第一週賣掉了 197 個輪胎，請問還有幾個輪胎沒被賣掉？

答案：*1.* 520 輛　　*2.* 285 公升
3. 305 輛　　*4.* 72 面
5. 108 面　　*6.* 55 人
7. 91 通　　*8.* 246 通
9. 85 輛　　*10.* 154 個

單元 70

木匠先生

1. 小湯買了 140 塊木板要蓋木屋，他用去了 42 塊，請問有幾塊木板沒被小湯用到呢？
2. 小傑和小湯一起工作，並各買了 200 件和 170 件新工具，如果小傑的工具中有 75 件是榔頭，請問小傑的新工具中有幾件不是榔頭？
3. 小傑和小湯共使用了 350 塊磚頭來蓋火爐，而其中的 157 塊是白磚，有 245 塊磚是從王先生那兒買來的，請問有幾塊磚不是白磚？
4. 拍賣會上小傑和小湯買了一大箱的木匠用品，裡面有 300 件工具，其中的 50 件是油漆用具，而所有的工具中有 175 件性能良好，請問有幾件工具不是性能良好的？
5. 小湯借給他的朋友士偉 150 支油漆刷子，其中的 16 支是舊刷子，後來士偉還了 105 支刷子，請問還有多少支刷子沒還給小湯？
6. 小傑常常犯錯，有一次他試著釘 605 根釘子，但只有 126 根釘進去，請問有幾根釘子沒釘進去？
7. 去年木匠們蓋了 100 座橋，其中的 14 座是要收費的，而有 22 座被洪水沖毀了，請問有幾座橋沒被洪水沖毀呢？
8. 去年夏天小傑蓋了 103 間房子，其中的 75 間是農舍，18 間是公寓，請問有幾間房子不是農舍？
9. 小湯有個裝滿各式各樣工具的箱子，裡面有 807 件工具，其中的 145 件是昨天才放進去的，且有 109 件是門栓，請問有幾件工具不是門栓？
10. 小湯聘了 130 個工人為他工作，其中 98 個是男人，且有 45 個工人已為小湯工作超過十年了，請問有幾個工人不是男人？

答案：*1.* 98 塊　　*2.* 125 件
3. 193 塊　　*4.* 125 件
5. 45 支　　*6.* 479 根
7. 78 座　　*8.* 28 間
9. 698 件　　*10.* 32 個

單元 71

釣魚去

1. 小湯和他的爸爸一起去釣魚，小湯釣到了 170 條魚，他爸爸釣到了 145 條魚，請問小湯比爸爸多釣了幾條魚？
2. 小湯和爸爸每年都到不同的湖泊去釣魚，去年去的湖泊邊有 200 間小木屋以及比小木屋數目還少了 133 個的營地，請問共有幾個營地？
3. 今年小湯和他爸爸必須開 400 公里的路去湖泊，而去年去的湖泊比今年去的少開了 137 公里的路，請問去年他們共開了幾公里？
4. 小湯收集了許多魚餌，有 500 隻蚯蚓以及比蚯蚓少 213 隻的蒼蠅，請問小湯收集了幾隻蒼蠅當餌呢？
5. 在啟程去釣魚之前，小湯閱讀了 130 篇有關釣魚的報導，他爸爸比小湯少讀了 112 篇，請問小湯的爸爸究竟讀了幾篇報導？
6. 這個禮拜很多人去釣魚，有 300 個男人以及比男人少 105 個的女人，請問有多少個女人去釣魚？
7. 小湯和他爸爸晚上常一起玩橋牌，有一次小湯得 250 分，他的爸爸比小湯少得 101 分，請問他爸爸究竟得幾分？
8. 小湯用了 650 公尺的釣線來釣魚，他的爸爸比小湯少用了 187 公尺的釣線，請問小湯的爸爸用了幾公尺的釣線？
9. 魚具店儲存了 300 個釣鉤以及比釣鉤還少 139 個的魚餌，請問店中共有幾個魚餌？
10. 有天晚上小湯煮了 800 根玉米，以及比玉米數量少 243 隻的龍蝦，請問小湯共煮了幾隻龍蝦？

答案：*1.* 25 條　　*2.* 67 個

3. 263 公里　　*4.* 287 隻

5. 18 篇　　*6.* 195 個

7. 149 分　　*8.* 463 公尺

9. 161 個　　*10.* 557 隻

單元 72

童軍露營

1. 小吉和小湯計算帳棚和睡袋的數目，算出共有 138 個睡袋和 89 個帳棚，請問睡袋比帳棚多出幾個？
2. 如果現在離下次童軍聚會仍有 213 天，離下次露營有 78 天，那麼下次童軍聚會比露營日晚了幾天？
3. 童軍們攜帶了 145 個漢堡和比漢堡少 57 個的熱狗，請問他們共攜帶幾個熱狗？
4. 有 106 個九歲的男孩及比九歲男孩少了 57 個的十歲男孩參加露營，請問共有幾個十歲男孩參加露營？
5. 童軍們共買了 426 個軟糖，其中有 98 個是不同顏色，其餘的都是白色，請問共有幾個軟糖是白色的？
6. 在 220 個童子軍中有 97 個喜歡香草口味的冰淇淋，其餘的都喜歡巧克力口味，請問有幾個童子軍喜歡巧克力冰淇淋？
7. 今年有 315 位童軍贏得游泳的獎章，贏得賽跑獎章的人比得游泳獎章的少了 96 人，請問有幾位贏得賽跑的獎章？
8. 今年有 107 個男孩子晉升為終身童軍，晉升為老鷹童軍的比晉升終身童軍的少 29 人，晉升為明星童軍的比晉升為終身童軍的少了 37 人，請問共有幾個男孩被晉升為老鷹級的童軍？
9. 廚師做了 222 盒的午餐，以及比午餐少了 49 盒的洋芋片和比午餐少了 53 盒的乳酪餅，請問共有幾盒乳酪餅呢？
10. 童子軍們舉行了一個小型的奧林匹克運動會，共頒出 118 個銀牌及 205 個銅牌，如果金牌數比銅牌數少了 56 個，請問金牌共有幾個？

答案：*1.* 49 個　　*2.* 135 天
3. 88 個　　*4.* 49 個
5. 328 個　　*6.* 123 個
7. 219 位　　*8.* 78 個
9. 169 盒　　*10.* 149 個

單元 73

第一銀行

1. 昨天有一些人在午餐前到銀行去，而在午餐後又有 132 個人去銀行。如果共有 221 個人去過銀行，請問午餐前共有幾個人去過銀行？
2. 今早共有 146 個人申請貸款，而今天下午又多了一些人申請，如果共有 457 個人申請貸款，請問今天下午共有幾個人申請貸款？
3. 銀行裡原有一些人，過了一下子又有 135 個人進銀行，現在共有 323 個人在銀行裡，請問原先銀行裡有幾個人呢？
4. 銀行現在正展出一批特殊的錢幣，星期一有 224 個人觀看過這個展覽，而之後的六天又陸續增加了一些人。如果一星期內共有 712 個人看過展覽，請問星期一後共有幾個人去看展覽呢？
5. 第一天有個導遊帶了一些人去參觀銀行，第二天又帶了 269 個人去參觀銀行，如果兩天內共有 441 個人去參觀銀行，請問第一天共有多少人參觀了銀行？
6. 在十點前有 168 個人進入銀行的自助餐廳，而在十點後又有一些人進入，如果總共有 343 個人在自助餐廳裡，請問十點後共有幾個人進入餐廳裡呢？
7. 一月份有 241 個人參加新社團，二月份又加入了一些會員。如果共有 280 個新加入的會員，請問二月份共有幾個新加入的會員？
8. 星期二早上有 297 個保險箱租出去，星期二下午又租出了一些，如果共有 563 個保險箱被租出去，請問星期二下午共出租了幾個保險箱？
9. 王太太於星期二存進了一些支票，星期三又存入了 189 張支票，結果兩天內共存入了 600 張支票，請問星期二究竟存入了幾張支票？
10. 吳先生在第一個小時處理了 217 張存款單及 137 張支票，而在第二個小時又處理了一些存款單及支票。如果他共處理了 402 張存款單，請問吳先生在第二個小時處理了幾張存款單？

答案：

1. 89 人　*2.* 311 人
3. 188 人　*4.* 488 人
5. 172 人　*6.* 175 人
7. 39 人　*8.* 266 個
9. 411 張　*10.* 185 張

單元 74

弘毅的農場

1. 弘毅從卡車上取下 556 袋的燕麥，並用其中的 239 袋來餵馬，請問弘毅還剩下幾袋的燕麥？
2. 小潔和安安負起照顧爸爸農場上所有 703 隻動物的責任，如果爸爸將其中的 113 頭牛賣掉，那麼小潔和安安現在還需要照顧多少動物呢？
3. 弘毅種了 916 棵蔬菜，但因下大雨，結果他損失了 129 棵的玉米，請問弘毅現有幾棵蔬菜呢？
4. 小潔和安安共擠了 613 公升的牛奶，而後小潔用了 107 公升的牛奶製成冰淇淋，請問他們現在還剩幾公升的牛奶？
5. 弘毅種有 618 公畝地的蔬菜，其中 230 公畝地的蔬菜毀於大雨，請問他還剩幾公畝地的蔬菜呢？
6. 弘毅有 520 頭羊，其中有 300 頭是母羊，如果已有 280 頭羊被剃毛了，請問還有幾頭羊尚未被剃毛呢？
7. 弘毅摘了 325 顆西瓜及一大箱的小藍莓，他賣了 16 盒的小藍莓給江太太、119 顆西瓜給許太太，請問弘毅現在還有幾顆西瓜呢？
8. 弘毅有 445 棵小藍莓樹，他賣掉了其中的 219 棵，後來又有個人想買 30 棵樹，但弘毅不答應，請問弘毅現在有幾棵小藍莓樹呢？
9. 安安從菜園中摘了 643 公克的蔬果，並用了 195 公克的蔬菜做成蔬菜湯，以及用了 205 公克的櫻桃做小點心，請問安安現在還有幾公克的蔬果呢？
10. 小潔和安安摘了 205 公斤的水果和 302 公斤的蔬菜，但後來小潔賣掉了 76 公斤的桃子，而安安賣掉了 37 公斤的豆子，請問他們現在還有幾公斤的水果？

答案：*1.* 317 袋　　*2.* 590 隻
3. 787 棵　　*4.* 506 公升
5. 388 公畝　　*6.* 240 頭
7. 206 顆　　*8.* 226 棵
9. 243 公克　　*10.* 129 公斤

單元 75

分類廣告

1. 大部分的報紙都有登廣告的版面，在星期一的報紙上有 241 輛車求售，其中的 153 輛價錢超過十萬元，請問有幾輛求售的車子價錢低於十萬元？
2. 分類廣告上刊有各式各樣的廣告，在星期天的報紙上有 872 個廣告，其中的 253 個廣告是在推銷物品，另外的 195 個廣告是在找尋失物，請問有幾個廣告不是用來推銷物品的？
3. 星期一的晚報上登有 543 個求職廣告，其中的 181 個廣告是用於徵求推銷員，請問有幾個廣告不在徵求推銷員？
4. 星期二晚上小蘇看了 191 個求才廣告，其中的 177 個廣告並沒能引起她的興趣，請問小蘇有興趣的廣告有幾個？
5. 史先生登了一個賣工具的廣告長達 213 天，其中的 158 天他曾接到一些詢問的電話，請問共有幾天史先生連一通電話也沒接到呢？
6. 小旦想要賣掉他的舊玩具，所以他登出了以下的廣告：「**319 個彈珠、146 架小飛機和 84 個溜溜球求售**」。如果他賣掉了 109 架的小飛機，請問小旦還有幾架小飛機沒有賣出？
7. 星期一晚上有 321 個舊車求售的廣告，而星期二卻有 252 個舊車廣告需要重登，請問有幾個廣告不需再登一次呢？
8. 小雅正在找公寓，如果報紙上正有 152 個關於公寓出租的廣告，而其中的 103 間公寓是沒有附傢俱的，請問共有幾間公寓有附傢俱？
9. 報紙上有 614 個售屋的廣告，其中的 137 間房屋是位於沙灘旁，而有 249 間是三個房間的，請問有幾間房屋不是三個房間的？
10. 呂小姐刊登了 412 個二手貨求售的廣告，其中有 135 個廣告是推銷舊工具的，而另外的 227 個是推銷舊傢俱的，請問有幾個廣告不是推銷舊傢俱的？

答案：

1. 88 輛	*2.* 619 個
3. 362 個	*4.* 14 個
5. 55 天	*6.* 37 架
7. 69 個	*8.* 49 間
9. 365 間	*10.* 185 個

單元 76

遊樂場

1. 今早吳先生收了 216 張摩天輪的票，下午收了 87 張票，請問吳先生在早上比下午多收了幾張票呢？
2. 星期六晚上有 324 個人在玩賓果遊戲，星期天晚上來玩的人數比星期六晚上少了 117 個人，請問星期天晚上共有幾個人在玩賓果遊戲？
3. 有 400 個人參觀狩獵屋，參觀迷幻森林的人比參觀狩獵屋的人少 102 人，請問共有幾個人參觀迷幻森林？
4. 娛樂公園中最受歡迎的是旋轉盤遊戲，有 307 位小朋友買了旋轉盤遊戲的票，買摩天輪遊戲票的小朋友比買旋轉盤遊戲票的小朋友少了 89 位。請問有幾位小朋友買了摩天輪的票？
5. 今天早上玩十八洞迷你高爾夫球的人比玩九洞迷你高爾夫球的人少了 94 位，玩九洞迷你高爾夫球的人有 182 位。請問共有多少人在玩十八洞的迷你高爾夫球呢？
6. 在馬戲團裡有位胖女人，她比一位重 300 公斤的胖男人輕了 76 公斤，請問這位胖女人的體重是幾公斤呢？
7. 有 318 個人在玩幸運輪，其中 99 個人沒得獎，請問共有幾個人得獎呢？
8. 每個星期天遊樂場裡都有音樂會。這個星期天有 532 個人觀賞了西部鄉村歌曲表演，上一個星期天比這星期少了 65 個人來觀賞搖滾樂表演，請問上個星期有多少人參觀了搖滾樂表演？
9. 有一天有 141 位男孩子到遊樂場玩，同時有比男孩子少了 26 位的女孩子也來玩，請問共有幾位女孩子到遊樂場玩？
10. 小孩們買了 203 份的薯條及比薯條少了 37 份的可樂，請問他們共買了幾份可樂呢？

答案：

1. 129 張	*2.* 207 人
3. 298 人	*4.* 218 位
5. 88 人	*6.* 224 公斤
7. 219 人	*8.* 467 人
9. 115 位	*10.* 166 份

單元 77

動物園

1. 有一隻海豚在一星期內吃了 495 條魚，如果牠在星期一吃了 139 條魚，那麼有幾條魚不是在星期一被吃掉的？
2. 有個小孩有 605 個彈珠和 138 個皮球，如果他的彈珠中有 387 個是綠色的，請問他的彈珠中有幾個不是綠色的？
3. 有一隻猴子趕走了 853 隻蒼蠅，另有一隻大象也趕走了 349 隻蒼蠅，如果猴子趕走的蒼蠅中有 69 隻是大頭的蒼蠅，請問猴子趕走的蒼蠅中有幾隻不是大頭的蒼蠅？
4. 有一個女人在拍賣場買了 500 片的磁碟片，如果其中的 175 片是破損的，另外 395 片是在民國八十七年以前製造的，請問有幾片磁碟片不是破損的？
5. 小榮在水族館中看見了 134 條魚，小其則看到了 385 條魚，如果小榮看到的魚中有 40 條正在吃東西，請問小榮看到的魚中有幾條沒在吃東西？
6. 小真買了 333 顆豆子，小霖也買了 431 顆豆子，如果小真和小霖分別吃了 195 顆和 5 顆豆子，那麼小真還剩下幾顆豆子呢？
7. 小舜有 407 件襯衫，而阿惠也有 382 件襯衫，如果在小舜的襯衫中有 187 件是短袖的，請問小舜共有幾件長袖的襯衫呢？
8. 有條魚下了 894 個卵，但有 392 個沒有孵出來，如果這些卵中有 187 個是有斑點的，請問有幾個卵是沒有斑點的？
9. 漁夫捕了 152 條魚並吃了其中的 75 條，如果他捕的魚中有 63 條是紅色的，請問漁夫還剩幾條魚沒吃？
10. 木匠做了 372 把椅子並賣了其中的 215 把，如果他賣掉的椅子中有

103 把是黃色的，請問木匠做的椅子中有幾把不是黃色的？

答案：

1. 356 條　　*2.* 218 個

3. 784 隻　　*4.* 325 片

5. 94 條　　*6.* 138 顆

7. 220 件　　*8.* 707 個

9. 77 條　　*10.* 269 把

單元 78

女子網球隊

1. 有個市立高中一季打了 18 場球，結果贏了 12 場，請問她們共輸了幾場？
2. 有 34 個女孩子申請參加網球隊，結果只錄取了 28 位，請問有幾位女孩子沒被錄取進入網球隊呢？
3. 團員們買了 18 件襯衫、35 件 T 恤和 10 隻新網球拍，請問女孩們共買了幾件衣服呢？
4. 女孩們今天和男孩們比賽了 19 場，結果她們勝了 15 場，請問男孩們勝了幾場？
5. 網球隊經理在體育館和教室裡各找到了 18 枝和 5 枝網球拍，其中有 4 枝是壞掉的，請問網球隊經理共找到了幾枝網球拍呢？
6. 有 82 個人正在觀看一場比賽，其中有 54 個人是學生，其餘的則是老師，請問共有幾位老師呢？
7. 美琪是個明星球員，她共贏了 35 場球賽，輸了 7 場球賽，並打和了 3 場球賽，請問美琪共打了幾場球賽？
8. 開學前網球隊練習了 28 天，開學後第一次比賽前又練習了 36 天，請問網球隊在第一次比賽前共練習了幾天？
9. 有一場比賽第一局美琪得了 15 分，第二局則得了 14 分，但美琪打了 4 次界外球，請問美琪兩局共得幾分呢？
10. 為了資助球隊，有 65 位家長和 29 位老師購買了網球拍子，請問買網球拍的家長比老師多出幾位呢？

答案：*1.* 6 場　　*2.* 6 位

3. 53 件　　*4.* 4 場

5. 23 枝　　*6.* 28 位

7. 45 場　　*8.* 64 天

9. 29 分　　*10.* 36 位

單元 79

衣服販賣商

1. 衣服販賣商打算拍賣 167 件裙子，他們在星期一又（　　）了 88 件裙子，那麼星期二共有 255 件裙子要拍賣。

①賣出　②送出　③追加

2. 江先生於星期一大拍賣時買了 18 件衣服，而星期二他（　　）了 2 件衣服，江先生在拍賣時購得的衣服有 16 件。

①退回　②購買　③賣出

3. 有 4 箱的夏季衣服要大拍賣，每一箱裡面都有 10 件裙子和 8 件襯衫，所以共有 32 件（　　）要大拍賣。

①衣服　②裙子　③襯衫

4. 小詩買了 6 件大拍賣的襯衫，（　　）3 件裙子，又買了 4 件洋裝，結果她共買了 10 件衣物。

①買了　②賣了　③試穿了

5. 有 16 件褲裝要拍賣，小咪買了其中的 4 件，小詩（　　）3 件，所以現在還剩下 12 件褲裝要拍賣。

①試穿了　②賣了　③買了

6. 早上 10：30 有 14 個人進店裡來看衣服，後來在早上 10：45 有 6 個人（　　）了店，所以還有 8 個人留在店裡。

①離開　②進入　③通過

7. 莊太太進入店裡 6 次，每次進店她就購買 3 件裙子及 5 條絲巾，結果她共購買了 48 件（　　）。

①裙子　②絲巾　③衣物飾品

8. 昨天原本有 81 頂帽子在拍賣，有三個人走進店裡並（　　）了 28 頂帽子，所以今天還有 53 頂帽子要拍賣。

①賣出了　②買走了　③試穿

9. 一大早小平就擺出了 62 件衣服要拍賣，到了 10：00 他又（　　）了 25 件衣服，所以現在共有 87 件衣服要拍賣。

①擺出　②賣出　③買走

10. 有 36 雙鞋子在店裡，其中有 15 雙要拍賣，有 12 雙是涼鞋，其餘的 24 雙一定不是（　　）。

①要拍賣　②拖鞋　③涼鞋

答案：

1. ③	2. ①
3. ③	4. ③
5. ①	6. ①
7. ③	8. ②
9. ①	10. ③

單元 80

執行祕書

1. 吳先生在上午 10：00 前接了 14 通電話，後來又在 10：00 和 11：00 間（　　）7 通電話，所以吳先生在 11：00 前共接了 21 通電話。

①打了　②忽略了　③接了

2. 江先生在星期一寫了 136 封信，星期二他又（　　）108 封信，星期三他讀了 15 封信，結果三天內他共寫了 244 封信。

①寫了　②讀了　③關閉

3. 羅小姐必須為老闆寫 56 個信封，她已經（　　）25 個信封，結果還剩有 31 個信封待寫。

①發現　②讀了　③寫了

4. 羅小姐的老闆有 2 個辦公室，每一個辦公室中都有 3 張桌子和 4 張椅子，所以羅小姐的老闆共有 8 張（　　）。

①椅子　②桌子　③辦公室

5. 吳太太有 28 封信要歸檔，她已將 7 封信歸放在一個檔案夾中，所以還有 21 封信有待她（　　）。

①讀了　②歸檔　③打開

6. 江太太的桌子上有 18 封信，她（　　）了 7 封信，現在還有 11 封信在桌子上。

①發現　②打開　③拿走

7. 吳太太買了 153 張郵票，在星期一那天她（　　）62 張郵票，並貼了其中的 3 張，星期二吳太太還有 91 張郵票。

①買了　②用了　③看了

8. 江太太的老闆口述了 63 封信要她打字，而她打好了 14 封。後來老闆又口述了 24 封信給（　　），結果江太太現在還有 49 封信要打。

①王太太　②江太太　③打字

9. 苗先生星期一要接見 15 個人，在十點前他（　　）了 3 個人，在 11 點時他還需接見 12 個人。

①看見　②接見　③發現

10. 辦公室裡有 7 條電話線，每條線上都接有 3 具電話。如果有 4 條電話線是（　　）的，現在還有 3 條線是可用的。

①連接　②壞掉　③可用

答案：

1. ③	2. ①
3. ③	4. ①
5. ②	6. ③
7. ②	8. ①
9. ②	10. ②

單元 81

列出問題

此單元的各問題需要學生依照例題完成整個問題。

例如

題目：小蔣有 5 個紅球，小山有 3 個紅球。 (1)請問這兩個男孩共有幾個紅球？ (2)小山比小蔣少了幾個球？ (3)如果小山又再買了 3 個球，那麼小山現在有幾個球？

1. 小美有 4 件毛衣，小蔣有 5 件毛衣，小蘇有 3 件外套。
2. 小湯各賣了 4 個和 7 個風箏給吳先生和史先生，小湯還剩下 3 個風箏。
3. 小莎買了 5 條裙子，有 4 條不合適，小莎的衣櫥中還有 8 條裙子。
4. 小可吃了 2 個蛋和 1 片土司當早餐，而小平則吃了 1 個甜甜圈和 1 杯橘子汁當早餐，後來小可又吃了 1 片土司當午餐。
5. 湯先生的菜園裡種了 8 排紅蘿蔔，錢先生的菜園裡種了 4 排蕃茄，湯先生則種了 25 棵紅蘿蔔。
6. 小巴裝了 26 瓶的蔬菜罐頭，其中的 13 瓶是蕃茄、5 瓶是豆子、8 瓶是竹筍。
7. 林先生以 25 元買了 5 尺的細鐵絲，以 65 元買了 3 尺的粗鐵絲。
8. 在阿比的水果攤上，小史買了 3 公斤的蕃茄、4 公斤的小黃瓜及 4 公斤的櫻桃。
9. 小比和小包各在台中買了 9 個和 15 個大氣球，小莎也在嘉義買了 29 個大氣球。

單元 82

中正里居民職業統計圖

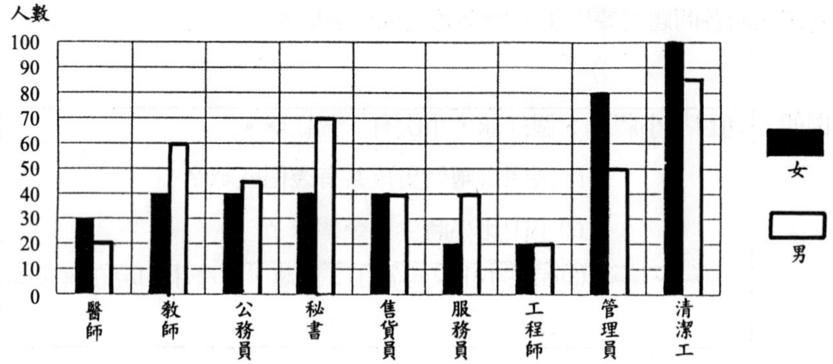

1. 女售貨員有幾人？
2. 女管理員比男醫師多幾人？
3. 在中正里中，教師有多少人？
4. 職業統計圖中，男生總共有多少人？
5. 在女生人數多於男生人數的職業中，女生總共多少人？
6. 在男女生人數一樣的職業中，男生總共多少人？
7. 在中正里中，有職業的女生總共多少人？
8. 在中正里的職業統計圖中，男生是否比女生多？多幾人？
9. 公務員的人數比售貨員的人數多幾人？
10. 男祕書比女工程師多嗎？多幾人？

答案：*1.* 40 人　　*2.* 60 人

3. 100 人　　*4.* 430 人

5. 210 人　　*6.* 60 人

7. 410 人　　*8.* 是，多 20 人

9. 5 人　　*10.* 是，多 50 人

單元 83

慈善晚會

1. 女獅子會為幫圖書館籌款，正在新公園義賣，她們在大廳及室外各擺置了 9 張和 36 張桌子接待客人，請問她們共擺設了幾張桌子？
2. 在晚會的前一天，女會員們做了 45 盤點心，但整個晚會需要 83 盤點心，請問女會員們需要再做幾盤點心呢？
3. 女會員們正打算做大蒜麵包，他們買了 12 條的奶油，而當地的麵包店也捐贈了 14 條的奶油及 10 包的乳酪，請問女會員們現在共有多少條的奶油呢？
4. 黃太太負責做沙拉，她使用了 100 公斤的生菜、10 公斤的小黃瓜、25 公斤的蕃茄以及 2 公斤的乳酪，請問黃太太究竟使用了幾公斤的蔬菜來做沙拉呢？
5. 晚會上需要 878 個盤子，女獅子會還需再買 299 個盤子，請問她們原先有幾個盤子呢？
6. 女獅子會共賣了 560 張全票給大人及 189 張半票給小孩，請問大人比小孩多出了幾張票呢？
7. 林先生的麵包店捐出了 53 個乳酪蛋糕當作甜點，在晚餐後還剩 5 個乳酪蛋糕，請問已經有幾個乳酪蛋糕被吃掉了呢？
8. 許多高中生自願當義工來幫忙洗盤子，在晚上 8 點前他們洗了 651 個盤子，在 8 點以後又洗了 324 個盤子，請問這些學生共洗了幾個盤子呢？
9. 會員們由售票中收得 24000 元，減去晚會中的開銷 5680 元，其餘的錢捐給圖書館，請問共捐了多少錢呢？
10. 圖書館用一筆錢買了 856 本新的愛情小說、63 本偵探小說以及 127 本其他的書，請問圖書館究竟買了幾本新書呢？

答案：

1. 45 張	*2.* 38 盤
3. 26 條	*4.* 135 公斤
5. 579 個	*6.* 371 張
7. 48 個	*8.* 975 個
9. 18320 元	*10.* 1046 本

單元 84

排行榜

1. 小迪在 9 點到 10 點之間播放了 35 張唱片，而他在 7 點到 10 點之間共播放了 63 張唱片，請問小迪在 7 點到 9 點之間播放了幾張唱片呢？

2. 小迪將 12 張唱片放到一個唱片收藏架中，每個收藏架可以放 38 張唱片，請問這個收藏架還可以放幾張唱片呢？

3. 每天下午小堂都會播放本週最受歡迎的歌曲，在他播放了 16 首歌之後，他又播了 24 首歌，請問小堂共播了幾首歌呢？

4. 小堂買了 56 張新出版的 CD 之後，共擁有 71 張新出版的 CD，請問他原有幾張新出版的 CD？

5. 搖滾歌手最近又有 2 首新的熱門暢銷曲，這使得此歌手的暢銷曲累增至 15 首了。請問此搖滾歌手原先有幾首熱門暢銷曲呢？

6. 小迪在審核了 23 個排行榜比賽的參賽者之後，仍有 95 個參賽者需審核，而整個比賽會有 36 個優勝者。請問起初有幾個參賽者呢？

7. 小堂發出了 49 張搖滾樂表演的票後，還剩下 83 張票，而他必須為他的朋友保留 17 張票。請問小堂起初有幾張票呢？

8. 小迪在生日時收到了 15 條領帶，他現在共有 80 條領帶，請問小迪在生日前有幾條領帶呢？

9. 小堂工作了 10 小時之後，還需再工作 6 小時，請問小堂共需工作幾小時呢？

10. 廣播電台雇用了 2 位新員工後，整個電台共有 61 位員工，請問原先有幾位員工呢？

答案： *1.* 28 張　　*2.* 26 張
3. 40 首　　*4.* 15 張
5. 13 首　　*6.* 118 個
7. 132 張　　*8.* 65 條
9. 16 小時　　*10.* 59 位

單元 85

火車之旅

自強號火車時刻表

起點：台北	到達：桃園	到達：新竹	到達：台中	到達：台南
上午 5:00	上午 5:30	上午 6:00	上午 7:00	上午 8:30
上午 6:15	上午 6:50	上午 7:20	上午 8:30	上午 9:45
上午 9:00	上午 9:30	上午 10:00	上午 11:00	------
上午 11:00	上午 11:30	中午 12:00	下午 1:00	下午 2:30
下午 1:00	下午 2:00	下午 2:30	下午 3:30	下午 5:00
下午 2:45	下午 3:15	下午 3:45	------	------
下午 3:30	------	------	下午 5:00	下午 6:50
下午 4:00	------	------	------	下午 7:00
下午 6:30	下午 7:00	------	下午 8:15	------
下午 9:00	下午 9:30	------	------	午夜 12:00

自強號火車價目表

台北	到桃園	到新竹	到台中	到台南
單程車票	55	150	320	620
來回票	88	240	512	992

【為了幫助你回答問題，你可以向老師借一個用手操縱的時鐘。】

1. 如果你要在上午 11:30 以前到台中，你在台北應該搭哪一班火車才不會等太久？

2. 如果你上午 5:00 從台北搭火車，那麼從新竹站到台中站要花多少時間？

3. 你下午 2:00 到達台北火車站，如果你要搭下一班車到桃園，你必須

在火車站等多久？

4. 小明也在下午 2:00 到達台北火車站，如果他要搭下一班車到台南，請問他必須再等多久？
5. 你要從台北搭車到台南，請你比較一下，搭下午 3:30 的車比下午 4:00 的車多花多少時間？
6. 你要在下午 3:00 前到新竹，請問最晚要從台北搭哪一班車？
7. 如果你下午 6:30 從台北上車，到台中須搭多久的車？
8. 如果你要從台北到新竹，並且還要從新竹回台北，那麼你買來回票會比買單程票節省多少錢？
9. 小強從台北到桃園，到售票處付 100 元要買單程車票，請問他還會找回多少錢？

答案：
1. 上午 9:00
2. 1 小時
3. 45 分
4. 1 小時 30 分
5. 20 分
6. 下午 1:00
7. 1 小時 45 分
8. 60 元
9. 45 元

單元 86

糖果店

以下是維真糖果店內各種糖果販賣的價格：

糖球一粒 2 元　拐杖糖一根 5 元　奶油糖一粒 3 元　糖果條一條 10 元

1. 維真的糖球一粒賣多少錢？
2. 小中有 10 元，請問他可以買到一條糖果條嗎？
3. 阿匀想買一根拐杖糖，阿序想買一顆糖球，誰需要比較多的錢呢？
4. 小山有 5 元，買了一粒奶油糖之後還有找錢。如果小山想買一粒糖球和奶油糖，請問還有錢剩下嗎？
5. 小丹想買一條糖果條及一粒糖球給他的老師及自己，如果他的錢剛好夠買這些糖果，請問小丹共有多少錢呢？
6. 小真有 15 元，她想為自己買一些糖，到底她要買哪些糖才能剛好花 15 元呢？
7. 一條糖果條比一粒奶油糖塊貴幾元呢？
8. 玉瑄有 3 元可以買一粒奶油糖，但她想買一條糖果條，所以她向佑育借錢，請問玉瑄需借多少錢才足夠呢？
9. 佑哲有 3 個 10 元和 2 個 1 元的硬幣，請問這些錢夠他買 3 根拐杖糖和 1 條糖果條嗎？若錢足夠，還可剩下多少錢呢？
10. 小馬有 25 元，他買了一條糖果條後，請問他還剩下多少錢呢？

11. 小泰有 2 個 10 元、1 個 5 元和 3 個 1 元，若他想買 2 根拐杖糖、1 粒糖球和 1 條糖果條，請問他應該給維真多少錢而不需找錢呢？

12. 小莎給維真 5 元並找回了 3 元，請問小莎花了多少錢？她用這些錢可以買到什麼糖呢？

答案：

1. 2 元
2. 可以
3. 阿匀
4. 沒有剩下
5. 12 元
6. 有多組答案
7. 7 元
8. 7 元
9. 夠，7 元
10. 15 元
11. 2 個 10 元和 2 個 1 元
12. 2 元，一粒糖球

單元 87

糕餅大拍賣

小蛋糕一個 5 元　餅乾一塊 3 元　大蒜麵包一個 10 元　巧克力一塊 7 元

1. 在買完午餐之後，耀祖打算為他的女朋友和他自己各買一個大蒜麵包，如果他有 22 元，請問這些錢足夠用來買麵包嗎？
2. 小傑有 5 元，請問他可以買到什麼呢？
3. 小愛有 8 元想買一個巧克力，小華有 9 元想買一個小蛋糕，請問誰將花較多的錢？
4. 振寧喜歡吃巧克力也喜歡吃餅乾，他決定每一種都買一個，請問需要多少錢？
5. 小娜吃完早餐後還剩 30 元，她決定午餐時要吃一個大蒜麵包及一個小蛋糕，但她還要剩下 15 元來坐公車，請問小娜有足夠的錢來買午餐嗎？
6. 童小姐買了一個大蒜麵包，方小姐買了一條巧克力，請問童小姐比方小姐多花了幾元呢？
7. 曉應有 11 元並買了一個大蒜麵包，志成有 11 元並買了 2 塊餅乾，請問曉應比志成多花了幾元呢？
8. 冠瑛有 2 個 10 元和 5 個 1 元，稍後她必須買一枝 5 元的鉛筆。如果她想買 2 條巧克力，請問她有足夠的錢買鉛筆嗎？

9. 書嫻買了一個大蒜麵包後還剩下 10 元、5 元和 1 元的硬幣各一個，請問書嫻原有多少錢？

10. 又達買了 3 個大蒜麵包、4 塊餅乾及 1 個小蛋糕，他付給店員 50 元，請問店員要找多少錢給他呢？

11. 美雯有零用錢 25 元，如果她想買一些不同的糕點來吃，請問她可以買些什麼呢？

12. 伊玟買完午餐之後還剩下一些錢，結果這些錢剛好足夠她買 4 條巧克力和 3 塊餅乾，請問她究竟剩多少錢呢？

答案：

1. 夠
2. 小蛋糕或餅乾
3. 小愛
4. 10 元
5. 有
6. 3 元
7. 4 元
8. 有
9. 26 元
10. 3 元
11. 小蛋糕、餅乾、大蒜麵包、巧克力各一
12. 37 元

單元 88

遊樂場遊戲

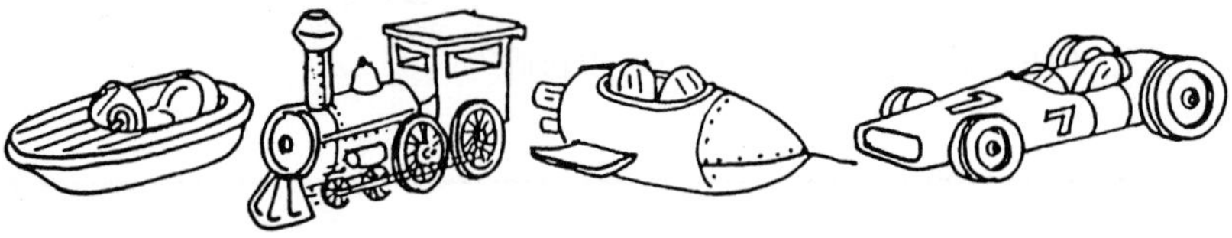

汽船一次 20 元　火車一次 25 元　火箭一次 50 元　跑車一次 25 元

1. 搭乘一次跑車需花費多少錢呢？
2. 搭乘火車和火箭，哪一種較便宜呢？
3. 搭汽船或跑車，哪一種較貴呢？
4. 如果一傑既想搭汽船又想搭火車，需要多少錢呢？
5. 搭火車比搭汽船貴多少錢呢？
6. 搭火車比搭火箭便宜多少錢呢？
7. 一真為一傑付了 25 元讓他去搭汽船，請問一真可找回多少錢？
8. 一真為一傑付了 50 元讓他去搭跑車，請問一真可找回多少錢？
9. 一真為一傑付了 50 元讓他去搭汽船及火車，請問一真可找回多少錢？
10. 一真為一傑付了 75 元讓他去搭火車及火箭，請問一真可找回多少錢？
11. 50 元能讓一傑搭乘幾種玩具呢？
12. 一傑有一百元，請問夠不夠他搭乘兩次火車和兩次汽船呢？如果夠的話請問還會剩下幾元呢？

答案： *1.* 25 元　　*2.* 火車

3. 跑車　　*4.* 45 元

5. 5 元　　*6.* 25 元

7. 5 元　　*8.* 25 元

9. 5 元　　*10.* 0 元

11. 2 種　　*12.* 狗，10 元

單元 89

舊書大拍賣

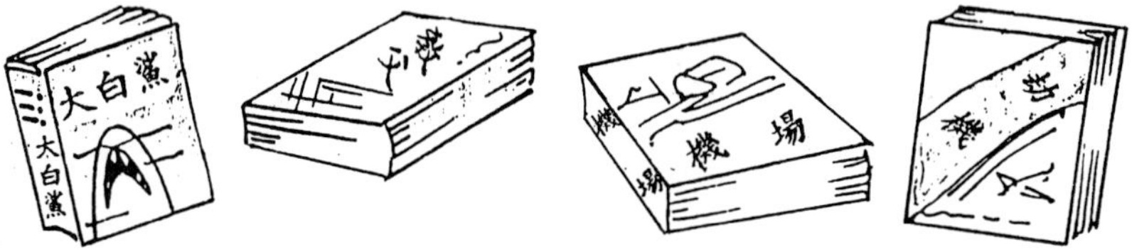

大白鯊 65 元　教父 70 元　機場 80 元　劫機 60 元

1. 「大白鯊」這本書是多少錢呢？
2. 如果你要買一杯 30 元的汽水以及「機場」這本書，請問你要花多少錢？
3. 「劫機」和「機場」這兩本書哪一本比較貴？貴多少？
4. 「劫機」和「教父」這兩本書哪一本比較貴？貴多少？
5. 「大白鯊」和「劫機」這兩本書共需花多少錢呢？
6. 蓁蓁買了「教父」和「機場」兩本書，共需花幾元呢？
7. 「劫機」這本書還剩下 18 本，其餘的書都各還有 12 本，請問究竟剩下幾本書呢？
8. 依文花了 145 元之後還剩下 55 元，請問依文原有多少錢呢？
9. 愛愛想要買「機場」這本書，但是她只有 50 元，請問她還需要多少錢呢？
10. 小咪用 75 元買了「大白鯊」這本書，請問她還可以找回多少錢？
11. 耀宗用 100 元買了「教父」這本書，請問他還可以找回多少錢呢？
12. 小瓊的媽媽給她 200 元，請問她可以買哪些書而花掉最多的錢呢？還會剩下多少錢呢？

答案：

1. 65 元

2. 110 元

3. 機場，貴 20 元

4. 教父，貴 10 元

5. 125 元

6. 150 元

7. 54 本

8. 200 元

9. 30 元

10. 10 元

11. 30 元

12. 大白鯊、教父和劫機，剩 5 元

單元 90

清倉大拍賣

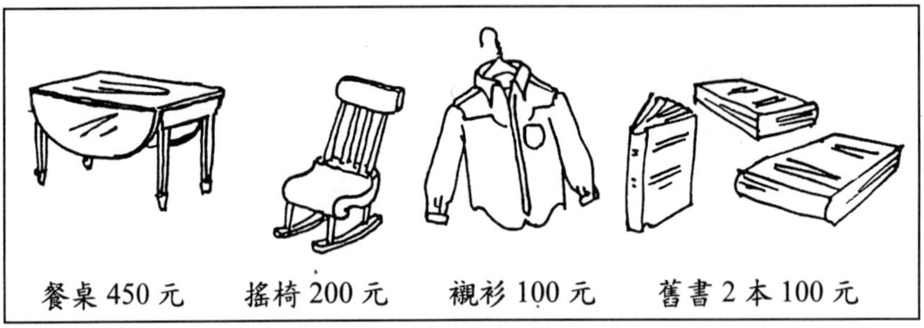

1. 小泰買了 4 本書和 1 件襯衫，請問需要多少錢？
2. 如果有 50 本書要大拍賣，而小蘇買了其中的 23 本，請問還剩下幾本？
3. 小比買了 3 張椅子後，還剩下 3 張椅子，請問原來有幾張椅子呢？
4. 小安買了 2 件襯衫和一些書，如果她總共花了 500 元，請問她花了多少錢在買書上呢？
5. 真真有 5 件襯衫，後來她又（　　）1 件襯衫，現在真真共有 6 件襯衫。

   ①看見了　②賣出了　③買了
6. 小丹有 50 本書，而他（　　）20 本，結果他還剩下 30 本書。

   ①看見了　②賣出了　③買了
7. 黃先生買了 2 張桌子、4 張椅子及 3 本書，請問黃先生買了幾件傢俱呢？
8. 小莎買了一本 260 頁的書，小席買了一本 341 頁的書，請問小席的書比小莎的書多出幾頁呢？

9. 小節有 1 本書和 1 件襯衫，她的姊姊有 3 本書，如果小節又買了 1 件襯衫，請問小節和她的姊姊共有幾件物品？

10. 小方買了 1 張桌子和 2 把椅子，如果他有 1000 元，請問他會剩下多少元呢？

11. 如果小比每樣東西都買一件，他最少要花多少錢呢？

12. 小喬有 1000 元，如果她買了 1 張桌子後，還要買剩下的每一樣東西，請問她買桌子後還剩的錢最多能買幾件其他的東西呢？

答案：

1. 300 元	2. 27 本
3. 6 張	4. 300 元
5. ③	6. ②
7. 6 件	8. 81 頁
9. 6 件	10. 150 元
11. 800 元	12. 搖椅、襯衫各一，舊書 5 本

單元 91

樂器大拍賣

樂器行主人在報紙刊登了下面的求售廣告：

口琴 350 元	收錄音機 1050 元	鈴鼓 250 元	
直笛 100 元	響板 45 元	鐵琴 1500 元	
小鼓 235 元	三角鐵 190 元	電子琴 3000 元	（原價）
		2400 元	（售價）

1. 請問一個口琴和一個直笛共值多少錢？
2. 請問一個響板比一個三角鐵便宜多少錢？
3. 請問樂器行主人降了多少價錢出售他的電子琴？
4. 小湯有 85 元，他想買一個小鼓，如果他向他的哥哥借了 50 元，請問他還需要多少錢才夠買一個小鼓呢？
5. 小倫用當保姆所賺的錢來買收錄音機，結果她還剩下 380 元，請問她當保姆賺了多少錢？
6. 小羅、小湯和真真想要組一個打擊樂團，所以他們買了一個響板、三角鐵、鈴鼓和鐵琴，請問他們總共花了多少錢呢？
7. 伊寧看上一架全新的電子琴，售價 3000 元，但她後來決定買報紙上求售的那一架（2400 元），請問她究竟節省了多少錢呢？
8. 如果你有 2000 元，請問這些錢夠不夠買鐵琴和鈴鼓呢？
9. 樂器行主人告訴小貝，他願意以低於廣告價 180 元的價錢將收錄音機賣給他，請問小貝究竟花了多少錢買收錄音機呢？
10. 請問電子琴的售價比原價便宜了多少錢呢？

11. 小瓊和至偉各有 320 元和 290 元，他們想一起買一台收錄音機，請問他們還需要多少錢呢？

12. 如果你有 175 元，請問你可以買哪兩種樂器呢？

答案：	1. 450 元	2. 145 元
	3. 600 元	4. 100 元
	5. 1430 元	6. 1985 元
	7. 600 元	8. 夠
	9. 870 元	10. 600 元
	11. 440 元	12. 直笛、響板

單元 92

傢俱大拍賣

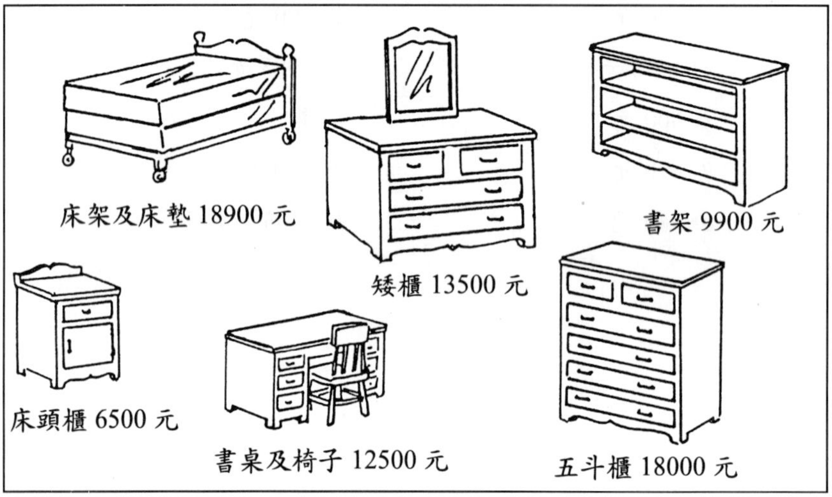

1. 林先生和林太太想要購置新的臥室傢俱，如果床架及床墊的拍賣價比原價便宜了 2400 元，請問床架與床墊的原價是多少錢呢？
2. 林氏夫婦無法決定該買哪一種櫃子。如果他們買的是矮櫃而不是五斗櫃，請問他們可省下多少錢呢？
3. 宇瓊的房間裡有一個床架、床墊、兩個床頭櫃和兩件矮櫃，請問宇瓊房間裡的傢俱共值多少錢？
4. 小吉想要買一張新書桌和新椅子，並先預付了 10000 元的訂金，而剩下的餘款則分 5 個月付清，請問小吉仍需付多少錢呢？
5. 宇瓊想要買一張桌子、一把椅子、一個書架、一個床架和一個床墊，但她現在只存有 28200 元，請問宇瓊還需要多少錢才夠買這些東西呢？

6. 林家想要為客房增添一個床架、一個床墊、一個床頭櫃和一個五斗櫃，如果他們共付出了 50000 元，請問還可找回多少錢呢？

7. 正平想要購買床與書架、書桌、椅子及矮櫃各一個，但他只有 40000 元，請問他可以用這些錢買到哪些傢俱呢？

8. 小真想要購買一個書架，但她只有 7000 元，請問她需要再存多少錢才夠呢？

9. 所有拍賣價在 10000 元以下的傢俱都比原價便宜了 1500 元，而拍賣價在 10000 元和 15000 元之間的傢俱都比原價便宜了 2200 元，拍賣價在 15000 元以上的傢俱則比原價便宜了 2400 元。請問一件矮櫃的原價是多少錢呢？

10. 利用上題的資料，請問一個床頭櫃的原價是多少錢呢？

11. 利用第九題的資料，若你買了拍賣中的桌、椅及矮櫃，請問你將省下多少錢呢？

12. 利用第九題的資料，若你各買了一件拍賣中的傢俱，請問你共省下多少錢呢？

答案：

1. 21300 元	2. 4500 元
3. 58900 元	4. 2500 元
5. 13100 元	6. 6600 元
7. 書架、書桌椅、矮櫃	8. 2900 元
9. 15700 元	10. 8000 元
11. 4400 元	12. 12200 元

單元 93

觀光飯店

1. 希爾頓大飯店有 8 層樓，而每一層樓都有 3 位女服務生，請問此飯店中共有幾位女服務生呢？
2. 每個女服務生都要清理 6 間房間，而且每間房間都要放 2 條乾淨的毛巾，請問每個女服務生共需放多少條乾淨的毛巾呢？
3. 希爾頓大飯店的附近另有 8 家其他的飯店，每家飯店都有 7 間房間，請問其他的飯店中共有幾間房間呢？
4. 有一群人住進希爾頓大飯店，櫃台人員給了他們 7 間房間，每間房間都住 4 個人，請問這群人到底有幾個人呢？
5. 希爾頓大飯店有 8 層樓，每層樓中都有 8 個房間，其中的 5 個房間是有陽台的，請問希爾頓大飯店中共有幾個房間呢？
6. 飯店後面有一個小餐廳，餐廳中只有 9 張桌子，每張桌子可坐 6 個人，請問餐廳裡可容納幾個人呢？
7. 小包必須為一個特殊團體安排 4 張餐桌，而且每張桌子都有 5 份餐具，請問小包共安排了幾份餐具呢？
8. 小包為 7 個訂房間的客人搬進了一些行李，若每個客人都有 3 件行李，請問小包共搬進了幾件行李呢？

答案：

1. 24 位	2. 12 條
3. 56 間	4. 28 人
5. 64 個	6. 54 人
7. 20 份	8. 21 件

單元 94

雜貨行

1. 李先生需裝填 6 瓶藥，而每一瓶都裝 5 錠藥片，請問他共需裝填幾錠藥片呢？

2. 小莎打算把 4 排置物架排滿維他命，每排都排滿了 6 瓶，請問小莎共排了幾瓶維他命呢？

3. 李先生有 5 包藥，每包藥中都有 3 種不同的處方，請問李先生的藥中共有幾種處方呢？

4. 小莎將每種雜誌各擺 4 份在架子上，而她有 7 種不同的雜誌，請問小莎共擺置了幾份雜誌在架子上呢？

5. 小莎想要展示 6 個罐子，為了使這些罐子看起來更五彩繽紛，她在每個罐子裡裝進了 7 塊香皂，請問小莎共使用了幾塊香皂呢？

6. 小莎必須重新排列 4 排架子上的洗衣粉，每排架子上都有 5 包洗衣粉，請問小莎共需重排幾包洗衣粉呢？

7. 李先生想拍賣糖果。有 8 個男孩子走進店裡來買糖果，每個男孩子都各買 3 個 5 元的糖果，請問這些男孩共買了幾個糖果呢？

8. 李先生收到 9 箱新藥，每箱中都有 8 瓶藥，李先生將其中的 5 瓶儲存起來，請問李先生共收到幾瓶新藥呢？

答案：*1.* 30 錠　*2.* 24 瓶

3. 15 種　*4.* 28 份

5. 42 塊　*6.* 20 包

7. 24 個　*8.* 72 瓶

單元 95

一起分享

1. 與人分享是一件極愉快的事情！林先生將玩具均分給 3 家孤兒院，如果每家孤兒院都收到 9 件玩具，請問林先生共捐給孤兒院幾件玩具呢？
2. 許太太把雞蛋糕分給她最喜歡的 5 個小朋友，如果每個小朋友都獲得 8 個，請問許太太原先有幾個雞蛋糕？
3. 許太太將餅乾平分給 8 個小孩子，如果每個小孩都各獲得 7 塊餅乾，請問許太太原先有幾塊餅乾呢？
4. 許太太的貓生了一些小貓，所以許太太將牠們給了 3 個鄰居。如果每個鄰居可得到 2 隻小貓，而且許太太自己也保留了相同數目的小貓，請問許太太的貓生了幾隻小貓呢？
5. 許太太將一盒糖果分給 3 位鄰居，每位鄰居加上許太太她本人都各得到 6 塊糖果，請問盒子裡到底有幾塊糖果呢？
6. 許太太在分給 7 位鄰居每位 4 杯糖後，還剩下 4 杯糖，請問許太太原有幾杯糖？
7. 在一次長途旅行中有 5 個人來輪流開車，如果每個人各開 3 小時，請問這次旅行共需幾小時？
8. 點心時間裡，有個蘋果派被平分給 4 個人，每個人都各分得 2 小塊蘋果派，而且每個人也都各分得 3 杯冰淇淋，請問這個蘋果派被分成幾小塊呢？
9. 有個巧克力派被平分給 4 個人，每個人各分得 3 小塊之後，還剩下 3 小塊，請問這整個巧克力派被分成幾小塊呢？
10. 許太太邀請了 7 個人來晚餐，她給每個客人和她自己各 2 碗小米稀飯，請問許太太共準備了幾碗小米稀飯呢？

答案：

1. 27 件　　*2.* 40 個

3. 56 塊　　*4.* 8 隻

5. 24 塊　　*6.* 32 杯

7. 15 小時　　*8.* 8 小塊

9. 15 小塊　　*10.* 16 碗

單元 96

銀行

1. 小蘇是個銀行職員，他將硬幣分成 3 堆，每堆有 123 個硬幣，請問小蘇共有幾個硬幣呢？
2. 小玉有 4 堆 10 元的硬幣，每堆有 212 個，請問小玉共有幾個 10 元的硬幣呢？
3. 銀行裡有 4 個全職的職員，而每個職員每 3 週工作 122 小時，請問 4 個職員 3 週共工作了幾小時？
4. 林先生是貸款部經理，他收到了 3 堆貸款申請書，每堆有 133 份申請單。如果林先生拒絕了 250 份的申請，請問共有幾份申請書獲得核准？
5. 儲蓄銀行有 4 個分行，而每個分行裡有 212 位員工，其中的 50 位是櫃台職員，請問儲蓄銀行裡共有幾位員工呢？
6. 謝先生是銀行的總裁，他答應給每一位新開戶的顧客一份禮物。如果他有 3 種不同的禮物，每一種禮物都送出了 321 份，其中有 250 位新顧客買了儲蓄券，請問共有幾位新顧客在銀行裡開戶頭呢？
7. 台灣銀行有 2 個開車進入的窗口，在星期二這天每一個窗口都有 424 位顧客，請問星期二這天共有幾位顧客使用了開車進入的窗口？
8. 銀行裡有 2 排人排隊等著領現金，每排有 324 個人，另有 30 人等著存款，請問銀行裡共有多少人等著領錢呢？
9. 銀行有 3 種不同的活期存款計畫，而且每一個計畫都有 231 位顧客參與，另外還有 400 位顧客參與定期存款，請問共有幾位顧客參與活期存款呢？
10. 除了活期存款之外，還有 4 種信用卡計畫，其中有 2 個計畫很受歡迎，每個計畫都有 443 個顧客參與，請問共有幾位顧客參與這 2 個受歡迎的計畫？

答案：

1. 369 個　　*2.* 848 個

3. 488 小時　　*4.* 149 份

5. 848 位　　*6.* 963 位

7. 848 位　　*8.* 648 人

9. 693 位　　*10.* 886 位

單元 97

碼頭上

1. 小佩看到船頭上站了 3 排船員，而每一排都有 13 個人，請問小佩共看到幾位船員呢？
2. 有 4 排人排隊等著船卸貨，每一排都站有 12 個人，請問共有幾個人等著船卸貨？
3. 有一些人正在卸下 5 堆箱子，每一堆有 11 個箱子，請問共有幾個箱子？
4. 港口裡停有 3 排大船，每一排都停了 12 艘大船，請問港口裡究竟停了幾艘大船呢？
5. 小黛看見一艘船上插有 2 排旗子，每一排都各有 14 面旗子，其中有 5 面是藍色的，請問小黛究竟看見了幾面旗子呢？
6. 有 2 排船員排隊下船，每一排都有 31 位船員，請問共有幾位船員排隊等著下船？
7. 有 3 艘船要搭載乘客，每艘船都可以搭載 32 個人，而其中的 2 艘是輪船，請問這些船共可搭載幾個人呢？
8. 有一艘大船共有 2 層船艙，每層船艙各有 24 個客艙。每一層的 7 個客艙中可住 6 個人，請問此艘大船共有幾個客艙呢？
9. 有一位工人排放了 4 堆行李，每堆行李都有 22 個行李，而其中的 6 個行李被擠破了，請問此工人共排放了幾個行李呢？
10. 有 3 群海鷗在飛行，每一群中都各有 23 隻海鷗，其中的 12 隻海鷗是雄性的，請問共有幾隻海鷗在飛行呢？

答案： *1.* 39 位　*2.* 48 人
3. 55 個　*4.* 36 艘
5. 28 面　*6.* 62 位
7. 96 人　*8.* 48 個
9. 88 個　*10.* 69 隻

單元 98

省立醫院

1. 有一位醫生 1 週可以看 307 位病人，他在每週一可以看 21 位病人，請問這位醫生 4 週可看幾位病人呢？
2. 醫院裡的護士要輪 4 班制，每一班都有 305 位護士在工作，請問醫院中的 4 班制共需幾位護士呢？
3. 醫院的自助餐廳中有 8 排桌子，每一排都有 5 張桌子和 60 張椅子，請問自助餐廳中共有幾張椅子呢？
4. 醫院廚房裡放有 7 包麵包，每包麵包裡都各有 13 片塗了花生醬的麵包和 17 片塗了果醬的麵包，請問廚房裡共有幾片塗了花生醬的麵包？
5. 醫院裡有 608 間病房，每間病房裡需要 4 條床單，醫院的三樓有 167 間病房，請問醫院每一天需要幾條乾淨的床單呢？
6. 醫院裡平均每一年有 304 個新生嬰兒，去年的新生嬰兒中有 195 位是女生，請問最近 6 年裡共有幾位新生嬰兒呢？
7. 有一位外科主治大夫平均每一年動 702 次手術，其中的 406 次是扁桃腺切除手術，請問過去 7 年內他共動了幾次扁桃腺切除手術呢？
8. 醫院營養師每一餐都得準備 809 盤食物，而他當班的那一週他需要準備 7 餐，如果有 304 盤食物是要含低卡洛里的，請問營養師當班的那一週他需要準備幾盤食物呢？
9. 醫院裡每一天有 4 小時是探病時間，如果星期天每小時有 231 個人來探病，其中的 65 個是青少年，請問星期天共有幾位探病的訪客呢？
10. 這個月醫院裡有 92 間空病房，每一間病房裡都有 2 張床，下個月將有 165 張床有病人，請問現在還剩下幾張空病床呢？

答案：*1.* 1228 人　*2.* 1220 位
3. 480 張　*4.* 91 片
5. 2432 條　*6.* 1824 位
7. 2842 次　*8.* 5663 盤
9. 924 位　*10.* 184 張

單元 99

報紙的製作

1. 報社裡有 6 排桌子，每一排都有 124 張桌子，請問報社裡究竟有幾張桌子呢？
2. 報社裡有 7 台印刷機，每一台印刷機每天都可以印 214 份報紙，請問此報社一天可印幾份報紙呢？
3. 報社的儲藏室裡有 3 堆舊報紙，每一堆各有 256 份舊報紙，請問儲藏室中共有幾份舊報紙呢？
4. 中正路上有 8 個報童，每個報童每天都得送 125 份報紙，其中的 50 份要送到當地的旅館，請問這些報童每天得送幾份報紙呢？
5. 這家報社在世界各地的 365 個城市裡都有特派記者，而且每個城市各有 2 位記者，而歐洲和亞洲共有 124 個城市，請問此報社在世界各地共有幾位特派記者呢？
6. 星期天的報紙上有 3 份廣告雜誌，每份雜誌都各有 264 則廣告，這些廣告中各有 156 則是賣衣服的廣告，請問在這些雜誌中有幾則廣告是賣衣服的呢？
7. 星期一的晚報上有 9 個版面用於分類廣告，每個版面上都有 325 個廣告，其中有 197 個是二手車求售的廣告，請問星期一的晚報上共有幾個分類廣告呢？
8. 在北部的 6 個城市裡，每一個城市都有 742 個人訂閱報紙，而在南部的 5 個城市裡，各有 196 個人訂閱報紙。請問北部的 6 個城市裡共有多少人訂閱報紙呢？
9. 報社編輯有 5 堆專題要校閱，每堆都有 154 份專題，其中的 254 份是有關國家政治的專題，請問此編輯需校閱幾份專題呢？

10. 報社總編輯想雇用 7 個新記者，他在六月共面談了 135 個人，在七月面談了 76 個人。請問這位總編輯於六月共面試了幾個人呢？

答案： *1.* 744 張　　*2.* 1498 份

3. 768 份　　*4.* 1000 份

5. 730 位　　*6.* 468 則

7. 2925 個　　*8.* 4452 人

9. 770 份　　*10.* 135 人

單元 100

分工合作

1. 學校裡有 18 位學生共同分擔學校的清潔工作，每個學生都各分配到 2 件工作，請問學校裡共有幾件清潔工作呢？
2. 18 位學生中的每一位學生都各掃了 5 堆樹葉，每一堆樹葉中又各有 96 片樹葉，請問學生們共掃了幾堆樹葉呢？
3. 學生的體育用品被分成 24 堆，每堆又各有 8 件體育用品，請問共有幾件體育用品？
4. 有 9 位學生平分家庭作業，每一位分得 20 件工作，請問共有幾件工作呢？
5. 清理自助餐廳需要 12 件不同的工作，每一種工作各需 7 種不同的用具，請問清理自助餐廳共需幾種工具呢？
6. 有 4 位小姐共同分擔歸類檔案的工作，每一位小姐需要歸類 92 個檔案，請問她們共需歸類幾份檔案呢？
7. 圖書館員整理了一堆書，他把 17 個箱子各裝入 9 本書，其中的 3 個箱子裝的都是歷史書籍，請問圖書館員共整理了幾本書呢？
8. 老王將雜誌分成 8 堆，每堆有 23 本雜誌，請問老王共分了幾本雜誌呢？
9. 園遊會上有 34 個攤位，每個攤位上都各有 4 位學生在看顧，請問共有幾位學生在看顧園遊會上的攤位呢？
10. 園遊會的入場券依顏色分成 5 大類，每一類各有 88 張票，請問共有幾張入場券呢？

答案：*1.* 36 件　　*2.* 90 堆

3. 192 件　　*4.* 180 件

5. 84 種　　*6.* 368 份

7. 153 本　　*8.* 184 本

9. 136 位　　*10.* 440 張

單元 101

圖書館

1. 小比將他的書分成 2 堆，每一堆各有 15 本書，請問他共有幾本書呢？
2. 在閱覽室裡有 16 張長桌子，每一張桌子各有 8 張椅子，請問共有幾張椅子呢？
3. 有 3 排小朋友圍著老師聽故事，每一排都各坐了 17 個小朋友，請問共有幾個小朋友圍著聽故事呢？
4. 小湯將雜誌分成 5 堆，每一堆都各有 17 本雜誌，請問小湯共分了幾本雜誌呢？
5. 有一個書櫃，上面有 5 排架子，每一排架子都可擺上 25 本書，請問這個書櫃共可擺上幾本書呢？
6. 有 3 排小朋友排隊等著圖書館開門，每一排都有 24 個小朋友，請問共有幾個小朋友排隊等著圖書館開門呢？
7. 在青少年閱讀區裡有 12 個書包，每一個書包裡都各有 7 本書，請問青少年閱讀區裡共有幾本書呢？
8. 閱覽室裡有 9 個大抽屜，每一個抽屜都裝有 36 份重要檔案，請問閱覽室裡共有幾份重要檔案呢？
9. 書架上有 8 排書，每排都有 2 本西方書籍和 13 本愛情小說，請問書架上共有幾本愛情小說呢？
10. 圖書館員整理出 3 疊過期的書，其中有 12 本已過期 3 週，如果每疊有 15 本書，請問共有幾本書？

答案： *1.* 30 本　　*2.* 128 張

3. 51 個　　*4.* 85 本

5. 125 本　　*6.* 72 個

7. 84 本　　*8.* 324 份

9. 104 本　　*10.* 45 本

單元 102

冰淇淋店

小華、小真和小莉都在城裡的一家冰淇淋店工作，這家店一星期開7天，每天從早上8點開到晚上8點。小華一週工作5天，一天工作4小時，小真的工作時間是小華的兩倍，小莉比小華多工作了7小時。

有一天當三個女孩都在工作時突然停電了，為了不使冰淇淋都融化浪費掉，於是他們決定各為自己做一個聖代。

小華用了2根香蕉、8個草莓，以及各2勺的開心果果凍、橘子果凍和奶油糖，最後再淋上4匙的奶油和4顆櫻桃，做了一個香蕉船聖代。

小真用了一打的草莓、4勺草莓冰淇淋和草莓醬，以及3匙的鮮奶油，做成一個草莓聖代。

小莉只喜歡巧克力，所以她用了5勺的巧克力冰淇淋、3根香蕉、5盎司的熱巧克力、6匙的鮮奶油和1個櫻桃，做成一個巧克力聖代。

1. 請問冰淇淋店一星期開幾個小時？
2. 小真一星期工作幾個小時呢？
3. 小真比小莉一星期多工作了幾個小時？
4. 一天有幾小時店是開著而小華不用工作的？
5. 請問他們共用了多少勺的冰淇淋呢？
6. 如果在他們做完聖代後仍剩下一打香蕉，請問原先有多少香蕉呢？
7. 小華和小莉共用了多少個水果呢？
8. 他們共用了幾匙的鮮奶油呢？
9. 在他們做完自己的聖代後仍剩有36勺冰淇淋，請問原先有幾勺冰淇淋呢？

10. 請問他們除了櫻桃外，共用了多少個水果呢？

11. 請問小華比小莉少用了幾勺冰淇淋呢？

12. 請問小莉一週工作幾小時呢？

答案：

1. 84 小時	2. 40 小時
3. 13 小時	4. 8 小時
5. 9 勺	6. 17 根
7. 18 個	8. 9 匙
9. 45 勺	10. 25 個
11. 5 勺	12. 27 小時

單元 103

農場

1. 萬先生有 18 塊可放牧的農地，每塊農地上都放牧了 14 隻羊，請問他共有多少隻羊？

2. 萬先生有 13 座穀倉，每座穀倉都有 15 匹馬，請問他共有幾匹馬呢？

3. 萬先生有 16 畝地，每畝地都種有 25 棵樹，如果萬先生還想再在每畝地上多種 13 棵樹，請問他共多種了幾棵樹呢？

4. 萬先生有 18 塊牧草地，他從每塊地上各收割了 24 捆牧草，如果他給了他的鄰居 50 捆牧草，請問萬先生共收割了幾捆牧草呢？

5. 萬先生想要種每排 16 棵的蕃茄 24 排，並且想種 38 排玉米，請問萬先生共要種幾棵蕃茄呢？

6. 萬太太的儲藏室中有許多蔬果罐頭，在那兒各有 19 排及 17 排的蔬菜及水果罐頭，如果每一排都有 29 罐罐頭，請問萬太太共有幾罐水果罐頭呢？

7. 去年的農場裡有 15 隻母雞，每一隻母雞今年都各生了 18 隻小雞，其中的 12 隻母雞是紅棕色的，請問牧場上現在有幾隻雞呢？

8. 萬太太為她的盆栽新架起了 13 個架子，每個架子上都可擺放 15 個新盆栽，而每排架子上有 12 個盆栽種的是玫瑰花，請問萬太太共有幾個盆栽呢？

9. 萬太太想要寄 14 個包裹給她的外孫們，每個包裹都有 28 件禮物，而其中的 16 件是玩具，請問萬太太共寄了幾份玩具給她的外孫呢？

10. 萬太太在她的菜園裡種了 18 排蔬果，每排都各種了 19 棵包心菜和 27 棵草莓，請問萬太太的菜園裡共種有幾棵蔬菜呢？

答案： *1.* 252 隻　　*2.* 195 匹

3. 208 棵　　*4.* 432 捆

5. 384 棵　　*6.* 493 罐

7. 285 隻　　*8.* 195 個

9. 224 份　　*10.* 342 棵

單元 104

交通運輸工具

1. 有 12 架飛機停在機場上，每架飛機上都有 20 個乘客下機，請問共有幾個乘客下機呢？
2. 有 13 個職員要將航空信從飛機上卸下來，每個職員都要負責卸下 30 袋航空信，請問共卸下幾袋航空信呢？
3. 有 16 輛載滿客人的巴士來到了機場，而每輛巴士上都有 20 個乘客，請問共有多少人搭巴士來到了機場？
4. 蔣先生的店裡有 20 輛計程車，每一輛車子今天都需出車 18 次，而其中有 3 輛車需到機場 4 次，請問這些計程車今天共出了幾次車呢？
5. 機場停車場停了 28 排車，每一排都停有 30 輛車，如果其中的 10 排停車位只能停留 15 分鐘，請問停車場中共有幾輛車子可以停留 15 分鐘呢？
6. 包先生的車行有 15 輛大巴士，每輛大巴士都可搭載 40 個人，但今天每輛車都只搭載了 20 個人，請問包先生今天共有多少個客人呢？
7. 今天有 20 輛車子開進機場，每一輛都開了 29 公里到達機場，如果其中的 5 輛車來自同一個城市，請問這 20 輛車子共開了幾公里呢？
8. 有 10 排飛機因為暴風雨停在停機坪上無法起飛，如果每一排都停了 22 架飛機，而且其中的 15 架預定飛往歐洲，請問停機坪上共停了幾架待起飛的飛機呢？
9. 有 20 個旅行團正搭機飛往巴黎，如果每個團都有 34 個人，而且有 17 位是老師，請問共有多少位老師要去巴黎呢？
10. 華航的售票員賣了 17 疊的機票，而每一疊裡都有 20 張機票，如果其中的 10 疊是團體票，請問共賣了幾張團體票呢？

答案：*1.* 240 個　　*2.* 390 袋

3. 320 人　　*4.* 360 次

5. 300 輛　　*6.* 300 人

7. 580 公里　　*8.* 220 架

9. 340 位　　*10.* 200 張

單元 105

參觀魔幻城

1. 魔幻城的地下鐵每停一站就有 133 個人上車，如果地下鐵每週都停 104 站，請問每週共有多少人搭地下鐵呢？
2. 魔幻城裡有 605 棟辦公大樓，如果每棟大樓都有 127 間辦公室，請問在這 605 棟大樓裡共有幾間辦公室呢？
3. 魔幻城裡有 107 間商店，而每一間商店都賣有 237 種貨品，請問魔幻城裡共有幾種貨品呢？
4. 有家魔幻城的計程車公司共雇用了 308 個司機，如果每一位司機每週都要工作 113 個小時，請問這些司機一週共要工作幾小時呢？
5. 魔幻大樓有 102 層樓，而每層樓都有 115 面窗戶及 68 間辦公室，請問魔幻大樓中共有幾面窗戶呢？
6. 魔幻迷宮共有 168 層階梯，如果某一天有 609 個觀光客從底爬到頂，而其中的 407 個是小孩子，請問這些小孩們共爬了幾層階梯呢？
7. 魔幻城裡有 976 所公立學校，而每所學校裡各有 205 位男孩和 309 位女孩，請問有多少人讀魔幻城的公立學校呢？
8. 聯合國的 141 個會員國各邀請 103 個人來魔幻城參加一個特殊聚會，如果其中的 508 個人是搭飛機來的，請問共有幾個來自會員國的人來參加這個特殊聚會呢？
9. 魔幻城中的電影文化城每一年開放 102 天，如果每一天有 396 個人到此來觀光，請問一年有多少人來參觀電影文化城？
10. 魔幻城有一個佔地 252 公畝並養有 3000 隻動物的大動物園，如果每一畝地都種 105 棵樹，請問此動物園裡共種幾棵樹呢？

答案： *1.* 13832 人　　*2.* 76835 間

3. 25359 種　　*4.* 34804 小時

5. 11730 面　　*6.* 68376 層

7. 501664 位　　*8.* 14523 人

9. 40392 人　　*10.* 26460 棵

單元 106

渡假

1. 小強和他的父母一同開車到墾丁去渡假，結果他們在高速公路的不同地方遇到了 15 次塞車，每次塞車都有 174 輛車子動彈不得，請問他們共看到幾輛車子塞在高速公路上呢？

2. 百貨公司裡有 143 個大人，如果每個大人都帶了 3100 元在身邊，請問這些大人共帶了多少錢呢？

3. 七月份有 195 個小孩子一起參加了一個特別的野餐會，每位小朋友都帶了 15 塊雞塊，而且各吃了 12 塊，請問小朋友們共帶了幾塊雞塊呢？

4. 小真已經連續參加了 13 年的夏季露營，每年她都會去釣 154 次的魚，而且有 108 次釣到魚，請問小真這 13 年共去釣了幾次魚？

5. 小強和他的父母每天都花了 345 元吃早餐，共吃了 18 天，請問他們這次渡假共花了多少元吃早餐呢？

6. 小強他們到達墾丁前，曾經在 116 個小鎮暫停過，而在每個小鎮都經過了 12 條街道，請問小強共經過了多少條街道呢？

7. 每一天都有 165 個觀光客及 362 個上班族從台北搭火車到新竹，請問 19 天後共有多少人搭車去工作呢？

8. 八仙樂園有 12 個窗口在售票，如果每天每個窗口都有 356 個人去買票，請問一週內共可售出幾張票呢？

9. 每一天都有 15 個參觀團來參觀故宮博物院，如果每一團都有 135 個團員，且其中有 105 個人可獲得折扣券，請問每天有多少人跟團去參觀故宮博物院呢？

10. 小強在八仙樂園共玩了 24 種遊戲，每種遊戲小強都排在第 126 個位

子，而且他都需要等 15 分鐘才可以玩，請問在這些遊戲中共有幾個人排在小強的前面呢？

答案：*1*. 2610 輛　*2*. 443300 元

3. 2925 塊　*4*. 2002 次

5. 6210 元　*6*. 1392 條

7. 6878 人　*8*. 29904 張

9. 2025 人　*10*. 3000 人

單元 107

披薩專賣店

1. 小安為一個私人聚會做了 135 個披薩，她在每個披薩上都加上了 30 片薄香腸，請問她共用了幾片薄香腸呢？
2. 小安同時也做了 110 個三明治，每個三明治她都用了 12 公克的火腿和 4 公克的蕃茄，請問小安共用了幾公克的火腿呢？
3. 每一週小安都會賣掉 55 盒已經切割好的披薩，如果每一盒裡都有 10 片披薩，請問小安一週內賣掉幾片披薩呢？
4. 小安今天接獲了 17 張訂單，每張訂單都要訂購 120 個披薩和 45 片大蒜麵包，請問小安今天需要做幾個披薩呢？
5. 小丹每兩小時可切 40 條義大利香腸，而且每條可切成 15 片，請問小丹兩小時內可切幾片義大利香腸呢？
6. 上星期六小安共賣出 163 份薯條，而每份都有 30 根薯條，請問小安共賣了幾根薯條呢？
7. 小安每星期可做出 180 公升的沾醬，如果她每公升用了 12 個蕃茄，請問小安一週需用幾個蕃茄呢？
8. 小安在十二月做了 190 塊義大利餡餅，每一塊都可切成 12 小片，而每一塊義大利餡餅都是由 15 個麵糰所做成的，請問小安的餡餅共可切成幾小片呢？
9. 小安每週都要賣出 225 個外帶的披薩，而每個披薩需要 4 公克的乳酪和 8 公克的洋菇，請問 20 週內小安可賣出幾個外帶的披薩呢？
10. 小安每週工作 75 小時並做 850 個披薩，請問 25 週後小安共做了幾個披薩？

答案：

1. 4050 片	2. 1320 公克
3. 3850 片	4. 2040 個
5. 600 片	6. 4890 根
7. 2160 個	8. 2280 片
9. 4500 個	10. 21250 個

單元 108

露天棒球看台

1. 台北市立體育場售出了 150 個看台區的票讓人觀賞棒球，而且每個區有 225 個座位，請問共有多少人在台北市立體育場中觀賞棒球呢？
2. 有個捕手比賽了 130 場，而且每場都接了 124 次球，請問在這幾場比賽中共接了幾次球呢？
3. 熱狗販賣商一小時內可賣出 172 隻熱狗和 220 瓶可樂，如果這個月比賽了 180 小時，他可賣出幾隻熱狗呢？
4. 台北市立體育場中場地的周長是 161 公尺，如果整季比賽中共有 270 次全壘打，請問打者們共跑了幾公尺呢？
5. 有個投手投了 185 場球，而且每場都投出 140 個球及跑了 8 次壘，請問此投手共投了幾個球呢？
6. 太陽隊每年都打 240 場球，並打了 114 年，而且每年都打贏 76 場比賽，請問此隊伍在 114 年中共打了幾場球呢？
7. 雷公棒球隊每週練習 60 個小時，每小時共擊出 246 個球和接了 118 個球，請問練習時共擊出幾個球呢？
8. 王先生在他的棒球生涯中共打擊了 625 次，如果每次打擊都擊出 210 公尺，請問他的棒球生涯中共擊出幾公尺遠的球呢？
9. 新的天母棒球場將有 100 場球賽要舉行，而每場比賽目前都有 2500 個人預購了票，且其中的 1250 位是女士。請問目前共售出了幾張票呢？
10. 雷公棒球隊去年比賽了 168 場，如果其中的 120 場是在露天體育場比賽的，而且第一場都有 117 次打擊和接了 145 次球，請問該隊去年在露天體育場共擊出幾個球呢？

答案： *1.* 33750 人　　*2.* 16120 次

3. 30960 隻　　*4.* 43470 公尺

5. 25900 個　　*6.* 27360 場

7. 14760 個　　*8.* 131250 公尺

9. 250000 張　　*10.* 14040 個

單元 109

美容院

1. 翁太太經營了一家美容院，每個月都有 687 位固定的顧客，如果翁太太已經經營這家店長達 138 個月，請問這段時間裡她共有幾位顧客呢？
2. 如果上個月共有 118 位顧客要求染髮，而且每染一次需要 146 分鐘，請問上個月共花了多少時間在染髮上？
3. 美容院裡有 129 個儲物櫃，每個櫃子裡都裝有 325 支髮夾和 140 個髮卷，請問這些櫃子裡共裝有幾支髮夾？
4. 美容院收到了 161 箱新的洗髮精，每一箱都裝有 217 瓶，另外又收到 412 瓶定型液，請問美容院共收到幾瓶洗髮精呢？
5. 小喬是美容院中最好的髮型設計師，每週他都有 156 個剪髮的預約及 143 個護髮的預約，請問小喬在 241 週裡共有幾個護髮的預約呢？
6. 芸芸在儲藏室找到了 219 個箱子，每個箱子裡都有 196 支大梳子和 130 支小梳子，請問芸芸共找到了幾支大梳子呢？
7. 每一天美容院都要用掉 232 條毛巾和 537 毫升的洗髮精，請問 127 天後共用了幾毫升的洗髮精？
8. 今年夏天有 115 個學生到美容院來實習，每個學生需工作 195 個小時，並剪 84 次頭髮，請問全部學生共工作幾個小時呢？
9. 翁太太共有 143 個僱員，如果每個僱員每個月都有 278 位固定的顧客，請問每個月共有幾位顧客會上門呢？
10. 畢業典禮的前一週有 189 個女孩到店裡修剪頭髮，每位修剪了 113 分鐘，請問店員們共花了幾分鐘來幫她們修剪頭髮呢？

答案：*1.* 94806 位　　*2.* 17228 分鐘

3. 41925 支　　*4.* 34937 瓶

5. 34463 個　　*6.* 42924 支

7. 68199 毫升　　*8.* 22425 小時

9. 39754 位　　*10.* 21357 分鐘

單元 110

工讀生

1. 立人是個工讀生，他的第一份工作是將 12 排走道都各隔出 14 個架子，請問立人共隔出了幾個架子？
2. 立人一個月工作 25 天，一天工作 11 個小時，請問 25 天共工作了幾小時呢？
3. 如果立人在每個架子上都放了 38 盒小麥片，請問 14 個架子共可放幾盒小麥片呢？
4. 立人將罐頭食品分成 14 堆，如果每堆各有 47 罐，請問共有幾罐罐頭呢？
5. 立人有時候會到櫃台幫忙打包物品，如果有個顧客想將他的物品打包成 12 袋，且每袋都裝 28 件物品，請問這個顧客共買了多少件物品呢？
6. 如果另外一位顧客想將他的物品分成 14 袋，且每一袋都裝 20 公斤的東西，請問這個顧客共買了幾公斤的東西呢？
7. 立人將馬鈴薯分成 85 袋，每袋都各裝 5 公斤，請問立人共裝了幾公斤的馬鈴薯呢？
8. 商店經理將員工分成 16 個部門，而每個部門都有 32 個員工，請問此商店共有幾位員工呢？
9. 立人將 25 種杯盤分成 19 堆，每堆裡都有 41 個杯盤，請問共有幾個杯盤呢？
10. 立人將一整箱的玉米罐頭分成 15 組，而每組各有 27 罐玉米，請問共有多少罐罐頭呢？

答案：*1.* 168 個　　*2.* 275 小時
3. 532 盒　　*4.* 658 罐
5. 336 件　　*6.* 280 公斤
7. 425 公斤　　*8.* 512 位
9. 779 個　　*10.* 405 罐

單元 111

跳蚤市場

1. 每個在跳蚤市場上賣東西的攤位都需要 9 平方公尺的地，如果有 10 個人想要在這裡擺設攤位，請問共需要幾平方公尺的地呢？

2. 陳先生設有 3 張桌子要擺放拍賣古董，如果每張桌子上都有 75 件古董要賣，請問陳先生共要拍賣幾件古董呢？

3. 林先生逛了 15 個跳蚤市場上的攤位，他在每個攤位上各買了 4 件東西，其中的 12 件是古董錶，請問林先生在跳蚤市場共買了幾件東西呢？

4. 蔣先生有一些唱片要拍賣，他將唱片分成 7 組，且每組有 5 張唱片，請問共有幾張唱片要拍賣呢？

5. 小勤將他購買的東西均分到 4 個袋子裡，如果每個袋子裡都各有 8 件物品，請問小勤共買了幾件物品呢？

6. 跳蚤市場一天共營業 16 個小時，如果每小時來了 48 個客人，且有 500 個人買了東西，請問一天共有幾個人來跳蚤市場呢？

7. 有 19 個人在賣瓷器，而每個人都有 38 件瓷器要賣，且其中的 24 件是花瓶，請問共有幾件瓷器要拍賣呢？

8. 陳先生有 12 箱的舊漫畫書要出售，如果每一箱都各有 39 本書，請問陳先生共有幾本漫畫書要賣呢？

9. 郭先生賣了一些舊的陶器，分別裝在 7 個箱子，如果每個箱子都各裝有 8 件陶器，請問他共出售了幾件陶器呢？

10. 方太太有數件珠寶要出售，它們各分裝在 9 個盤子裡，如果每個盤子都裝有 7 件珠寶，請問方太太共要出售幾件珠寶呢？

答案： *1*. 90 平方公尺　　*2*. 225 件

3. 60 件　　*4*. 35 張

5. 32 件　　*6*. 768 人

7. 722 件　　*8*. 468 本

9. 56 件　　*10*. 63 件

單元 112

自然課

1. 王老師的班級正在上一堂自然標本採集課，他們將標本分成 132 類，每一類都各包含 12 種昆蟲，請問共有幾種昆蟲呢？
2. 莎莎和瑪莉將貝殼分成 24 類，每一類都有 127 個貝殼，請問共有幾個貝殼呢？
3. 小葛將一塊廣告版分成 45 個部分，每部分都有 142 平方公分，請問這個廣告版共有多大呢？
4. 小吉將一個公園分成 53 區，每一區都有 194 棵樹，請問公園裡共有幾棵樹呢？
5. 王老師收集了一些蝴蝶，他將它們分裝在 212 個盤子裡，而每個盤子裡都有 29 隻蝴蝶，請問王老師共收集了幾隻蝴蝶呢？
6. 有四位學生一起收集昆蟲，他們把昆蟲分裝於 236 個罐子裡，而且每個罐子都各裝有 41 隻昆蟲，請問這些學生共收集了幾隻昆蟲呢？
7. 有一些學生將收集到的石頭分別放在 12 張桌子上，而且每張桌子上都放了 200 個石頭，請問這些學生共收集了多少個石頭？
8. 有一些學生發現了 343 個螞蟻洞，每個洞裡都有 318 隻螞蟻，請問他們共發現幾隻螞蟻呢？
9. 有一些學生將他們收集的樹葉分裝成 48 袋，如果每袋都裝有 220 片葉子，請問學生共收集了幾片葉子呢？
10. 王老師的班級在海邊收集了 18 堆的浮木和 23 堆的貝殼，假如每堆浮木裡都各有 146 根浮木，請問這些學生共在海邊找到了幾根浮木呢？

答案： 1. 1584 種　　2. 3048 個

3. 6390 平方公分　　4. 10282 棵

5. 6148 隻　　6. 9676 隻

7. 2400 個　　8. 109074 隻

9. 10560 片　　10. 2628 根

單元 113

執勤中的警察

1. 王警員一天平均開出 105 張罰單，請問 24 天他共開出了幾張罰單呢？

2. 林校警上個月巡邏了 207 間教室，如果每間教室裡都有 34 位小朋友，而且他各花了 55 分鐘在每間教室裡，請問林校警共花了幾分鐘在巡邏教室？

3. 王警員每晚都得巡視 103 家商店，其中有 74 家商店在中山路上，請問王警員 18 個晚上共巡視幾家商店呢？

4. 一位警員平均每個月要接聽 503 通意外電話，而其中的 408 通是有關交通意外的電話，請問 34 個月內共需接聽幾通意外電話呢？

5. 警察學校每年都有 202 個畢業生，其中的 105 位需到市立警局服務，請問 15 年後將有幾個學生從警校畢業呢？

6. 去年中山公園共舉行了 103 場音樂會，每一場都有 65 個守衛警員，並使用 12 輛警車，請問這些音樂會共動用了幾位警員呢？

7. 警局裡共有 28 個部門，而每個部門都有 106 位武裝警員和 35 位便衣警員，請問警局裡共有幾位武裝警員呢？

8. 大都市裡有 32 個管區，每個管區都有 308 位警員和 104 位辦事員，請問這個都市共雇用了幾位警員呢？

答案：*1.* 2520 張　　*2.* 11385 分鐘

3. 1854 家　　*4.* 17102 通

5. 3030 個　　*6.* 6695 位

7. 2968 位　　8. 9856 位

單元 114

找出條件

下列問題因缺乏某些條件而無法作答，請找出這些條件。

1. 小茜將她全部的書平均分裝在 15 個箱子裡，請問她共裝了幾本書？
2. 小茜在清理衣櫥時發現了一些好幾年都沒穿的舊衣服，於是她修改了其中的 12 件裙子可以今年穿，請問她有幾件裙子沒有加以修改？
3. 小茜在拍賣時買了 5 件新衣服，當她付完錢後還剩下 325 元，請問她原有多少錢呢？
4. 小茜在將糖果均分給她的朋友後還剩下 5 塊糖果，如果她和她的朋友每人各可獲得 5 塊糖果，請問小茜原有幾塊糖果呢？
5. 小茜的媽媽給她 3 副新耳環當生日禮物，請問小茜現有幾副耳環呢？
6. 小茜比她的姊姊輕 10 公斤，比她的姊姊矮 2 公分，請問小茜的體重是多少呢？
7. 小茜的朋友莉莉幫小茜縫了一件衣服，如果小茜原先買了 2 碼布，請問還剩下多少布？
8. 小茜烤了小蛋糕要帶到學校去，結果被她的弟弟吃了 3 個，請問小茜帶了幾個蛋糕去學校呢？
9. 小茜買了 75 平方公尺的壁紙來貼衣櫥內的一個 63 平方公尺的洞，請問剩下的壁紙是否夠用來貼書櫥裡的洞呢？
10. 小茜必須為學校打一份報告，如果她一個小時可打 4 頁，請問她共打了幾頁報告呢？
11. 小茜媽媽的年齡是小茜年齡的兩倍，但卻比她的舅舅年輕 4 歲，請問小茜到底是幾歲呢？
12. 小茜買了 5 個書套，而每個要 25 元，請問共可找回多少錢呢？

單元 115

氣象報告

1. 台北一月的正常高溫是 21 度，而六月則是 31 度，請問六月的高溫比一月的高溫高出幾度呢？
2. 台北一月的最低溫比最高溫低了 8 度，如果最低溫是 13 度，請問最高溫是幾度呢？
3. 如果澎湖每個月的平均雨量是 8 公釐，請問六個月中澎湖共下了多少雨呢？
4. 在民國 26 年，台北的最高溫是 35 度，請問那是幾年前的事呢？
5. 台中一月的最高溫比台北一月的最高溫高出 3 度，而台北一月的最高溫又比高雄一月的最高溫低了 7 度，如果台北一月的最高溫是 17 度，請問台中一月的最高溫是幾度呢？
6. 如果台中每個月下 50 公釐的雨，請問一年內台中共可下幾公釐的雨呢？
7. 屏東的年雨量比高雄的年雨量多出 90 公釐，如果屏東的年雨量是 880 公釐，請問高雄的年雨量是多少呢？
8. 台南的最高溫比桃園的最高溫高出 6 度，如果桃園的最高溫度是 32 度，請問台南的最高溫是幾度呢？
9. 新竹的平均風速是每小時 16 公里，花蓮的平均風速比新竹少了 2 公里，但比台北多出 2 公里，請問台北的平均風速是多少呢？
10. 民國 63 年這一年，基隆共有 209 天陰天，而台北則有 189 天是陰天，請問基隆比台北多出幾天陰天呢？

答案：*1.* 10 度　　*2.* 21 度

3. 48 公釐　　*4.* （現年減 26）年

5. 20 度　　*6.* 600 公釐

7. 790 公釐　　*8.* 38 度

9. 12 公里　　*10.* 20 天

單元 116

公寓出租

1. 王先生和王太太在星期一的報紙上看到了 16 個公寓出租的廣告，而星期二則看到了 24 個廣告，請問他們兩天內共看到了幾個廣告呢？
2. 王先生和王太太決定一起去看看公寓，他們連續去看了 3 天，每天看了 6 間公寓，請問他們一共看了幾間公寓呢？
3. 有一棟大樓共有 20 層，而大樓的每一層樓都有 12 間公寓，請問整棟大樓共有幾間公寓呢？
4. 如果報紙上有 163 個公寓出租的廣告，其中的 57 個是附有傢俱的，請問有幾個公寓是不附帶傢俱的呢？
5. 王先生打電話給 16 家房地產仲介公司要求他們幫忙找公寓，如果每一家都替他找到了 4 間公寓，請問房地產仲介公司共替他找到了幾間公寓呢？
6. 王太太看了一間出租的房子，這個房子有 7 個房間，其中有三間是臥室，而且每間都是 15 平方公尺，請問臥室共占地多少平方公尺呢？
7. 王先生和王太太在六月一日搬進新公寓，他們共搬了兩趟，如果第一趟搬了 12 件傢俱，而第二趟搬了 15 件傢俱，請問他們共搬了幾件傢俱呢？
8. 王太太替新公寓的窗子裝上 8 個自己做的窗簾，後來他又買了 3 個窗簾，請問這個公寓共裝了幾個窗簾呢？
9. 王太太將廚房裡的大櫃子放盤子、小櫃子放食物，大櫃子有 6 個抽屜，而小櫃子比大櫃子少了 3 個抽屜，請問放食物的櫃子共有幾個抽屜呢？
10. 王先生和王太太共簽了一份 365 天的租約，如果他們在住了 296 天之後搬出，請問還有幾天租約才到期呢？

答案：

1. 40 個
2. 18 間
3. 240 間
4. 106 個
5. 64 間
6. 45 平方公尺
7. 27 件
8. 11 個
9. 3 個
10. 69 天

單元 117

雜誌募款活動

1. 連杰向 64 個人推銷雜誌以籌募款項，如果其中有 35 個人訂了雜誌，請問有幾個人沒有訂雜誌呢？

2. 連杰使用了 24 個劃撥帳號以便訂閱雜誌，且其中的 11 個是用來訂閱運動雜誌，如果王先生在每個帳號裡都訂閱了 5 份雜誌，請問王先生共訂了幾份雜誌呢？

3. 勇強賣出了 363 份雜誌，連杰比他少賣了 25 份，但朝偉又比勇強多賣出了 17 份，請問連杰共賣了幾份雜誌呢？

4. 志穎花了 3 天在出售雜誌上，如果每天他都得拜訪 9 位屋主，請問他共拜訪了幾家人？

5. 學校的圖書館每個月都會收到 137 份雜誌，如果圖書館館員因這個募款活動又多訂閱了 53 份雜誌，且其中的 14 份是汽車雜誌，請問新訂閱的雜誌中有幾份不是汽車雜誌呢？

6. 星馳訂了一份為期 16 個月的週刊，他每個月將收到 4 本刊物，請問他共可收到幾本刊物呢？

7. 德華選擇了一棟 10 層樓的公寓來募款，他共和 250 個人談過話，結果有 138 個人訂了雜誌，請問此公寓中共有幾個人沒有訂雜誌呢？

8. 吳太太每個月比劉太太多收到了 10 份雜誌，而劉太太又比沈太太少訂了 2 份雜誌，如果沈太太每個月可收到 13 份雜誌，請問劉太太每個月可收到幾份雜誌呢？

9. 王先生訂了 18 份雜誌，其中的 3 份是運動雜誌、4 份是汽車雜誌，另外有 2 份是婦女雜誌，請問共有幾份雜誌既不是運動雜誌也不是婦女雜誌？

10. 林太太訂閱了 3 份食品雜誌、5 份裝潢雜誌，以及 4 份新聞雜誌，請問她共訂閱了幾份雜誌呢？

答案：

1. 29 人	2. 120 份
3. 338 份	4. 27 家
5. 39 份	6. 64 本
7. 112 人	8. 11 份
9. 13 份	10. 12 份

單元 118

兄弟象與和信鯨的大對抗

1. 兄弟象與和信鯨經常打對抗賽，結果和信鯨贏了 12 場，兄弟象贏了 15 場，請問他們共比賽了幾場？
2. 在每個棒球隊中都有 11 個防守的位置，和信鯨的教練在每個位置各安排 4 個球員，請問和信鯨共有幾位球員呢？
3. 兄弟象在第一局投出了 8 支壞球，第二局則投出了 9 個壞球和被擊出了 2 支安打，請問兄弟象在第一局和第二局中共投出了幾個壞球呢？
4. 和信鯨在整個比賽中共擊出了 8 個安打，如果每支安打都擊出 36 公尺遠，請問這些安打共擊出了幾公尺遠？
5. 和信鯨在整個比賽中共擊出 4 支兩分全壘打和 1 支三分全壘打，請問和信鯨共得幾分呢？
6. 兄弟象有 42 位隊員，每位隊員都有 37 位球迷，請問兄弟象共有幾位球迷呢？
7. 下半場的比賽中，6 個裁判各叫了 3 次犯規，其中的 7 次是兄弟象犯的，請問下半場共有幾次犯規呢？
8. 王自強共上場打擊了三次，第一次他擊出一支 18 公尺遠的安打，第二次他沒打擊到球，第三次他又擊出了一支 17 公尺遠的安打，請問他的三次打擊共打了幾公尺遠呢？
9. 和信鯨第一場比賽擊出三支安打，贏了兄弟象 9 分，第二場和第三場又各贏兄弟象 3 分，請問和信鯨在第一場和第二場中共贏兄弟象隊幾分？
10. 如果和信鯨共得 36 分，而兄弟象比和信鯨多得 13 分，請問兄弟象究竟得幾分呢？

答案：

1. 27 場	*2*. 44 位
3. 17 個	*4*. 288 公尺
5. 11 分	*6*. 1554 位
7. 18 次	*8*. 35 公尺
9. 12 分	*10*. 49 分

單元 119

山貓隊

1. 山貓隊是一支籃球隊，隊裡有 15 個女孩，而每個女孩都有 3 件 T 恤、2 雙鞋子和 1 副護膝，請問這些隊員共有幾件 T 恤呢？
2. 小雅投了 30 個兩分球以及 18 個一分球，請問小雅共得幾分呢？
3. 山貓隊上個球季贏了 25 場球，輸了 4 場球，其中有 7 場是延長賽，請問山貓隊上一季共打了幾場球呢？
4. 思穎在一場比賽中共投了 5 個兩分球和 7 個一分球，請問思穎共投進幾分呢？
5. 小真住在鄉下，但在城市裡工作，每次她都得花 15 分鐘從工作地點到練習場練球，然後再花 49 分鐘坐車回家。請問小真每次從工作地點到練習場再坐車到家共需花多少時間呢？
6. 上一季小芬沒能打完所有的球賽，因為她犯規出局，有 5 場比賽她在上半場就被判出局了，另有 7 場比賽她在下半場被判出局，而另有 8 場比賽她沒被判出局，請問小芬共有幾場比賽被判出局呢？
7. 山貓隊和老虎隊互相對抗，結果在上半場結束前山貓隊和老虎隊各得 26 和 25 分，如果下半場山貓隊比老虎隊多得 38 分，而老虎隊只得 18 分，請問山貓隊的總分究竟是幾分呢？
8. 小貝是今年得分最高的球員，她在這一季的 25 場球賽中的每一場都試投了 18 次的兩分球，而且投中了 10 次，請問小貝這一季共投中了幾個兩分球？
9. 山貓隊這一季共打了 18 場球，每一場都有 124 個人去觀看，而其中的 63 個人是女青年會的會員，請問共有多少人去看山貓隊的比賽？

10. 每場球賽都有 2 位裁判和 3 位計分員，如果共有 18 場比賽，且每場比賽都需要不同的計分員，請問共需幾位計分員呢？

答案： *1.* 45 件 *2.* 78 分

3. 29 場 *4.* 17 分

5. 64 分 *6.* 12 場

7. 82 分 *8.* 250 個

9. 2232 人 *10.* 54 位

單元 120

隨心所欲

這個單元需要學生將已給的資料綜合，然後各列出兩個問題，試著自己先解答，再請其他同學做做看。

1. 陳先生每小時可在他的店裡賣出 15 盒冰淇淋，每一盒可賣 40 元，如果陳先生的店一星期開 7 天，且每天開 10 個小時。
2. 小琪一週工作 4 天，每天從下午 4 點工作到下午 8 點。
3. 小吉比他的哥哥小志矮 5 公分，並且輕 15 公斤，而小志又比他的爸爸矮 2 公分，但多了 5 公斤重，如果他的爸爸是 172 公分高，體重是 73 公斤。
4. 小萍比小真大 4 歲，但比小思小 3 歲，而小思又比小倩大 2 歲，如果小倩是 14 歲。
5. 小強為他的水族館買了一些魚，他買了 25 條金魚、14 條天使魚及 6 條熱帶魚。
6. 王家將要有一個露營活動，他們必須開 583 公里的車程到山上去，如果王先生打算開 4 個小時，且每個小時開 50 公里。
7. 曉育帶了 15 件衣服去渡假，小樹帶 9 件去，而珊珊帶了 24 件便服去渡假。
8. 在小威的房裡有 8 堆書，而每堆書裡都有 43 本，如果小威只有 17 本書還沒有讀過。
9. 小葳接到 15 份訂購耶誕卡的訂單，每份訂單有 50 種不同的耶誕卡，如果小華訂了 75 張卡，但只收到其中的 12 張，而小惠比小華多訂了 3 份耶誕卡。

10. 小林比小王重 10 公斤，而小王又比小湯輕 8 公斤，如果小湯的體重和 4 堆書的重量一樣，而每堆書重 15 公斤。

單元 121

數字與空格

這個單元是要求學生找出代表不同數字的字母，若看到的是“0”即表示是零。

1.

```
   2
 + □
 ———
   4
```

□＝（　　）

2.

```
   □□□
 +  □△
 —————
   8 4 □
```

□＝（　　）

△＝（　　）

3.

```
   ○□△
 − □0 0
 —————
   4 4 6
```

□＝（　　）
○＝（　　）
△＝（　　）

4.

```
   □
 × □
 ———
  16
```

□＝（　　）

5.

```
    □□□
  ×  □□
 ———————
    □□□
   □□□
 ———————
   □△△□
```

□＝（　　）

△＝（　　）

6.

$$\begin{array}{r} \square\,0\,0 \\ +\,\triangle\,\square\,\triangle \\ \hline \bigcirc\,3\,2 \end{array}$$

□＝（　　）

△＝（　　）

○＝（　　）

7.

$$\begin{array}{r} 3 \\ \times\,\square \\ \hline 6 \end{array}$$

□＝（　　）

答案：*1.* □＝2　　*2.* □＝7　△＝0

3. □＝4　○＝8　△＝6　　*4.* □＝4

5. □＝1　△＝2　　*6.* □＝3　△＝2　○＝5

7. □＝2

單元 122

保齡球大賽

1. 有 45 個女孩子一起去打保齡球，如果有 27 位是搭公車到保齡球場，請問有幾位沒搭公車去呢？
2. 秀秀在第一場比賽的前 5 局共得 53 分，而青青又比她多得 17 分，請問青青的前 5 局共得幾分呢？
3. 小雅打了 8 次全倒和 5 次倒了九瓶的球，如果全倒一次可得 13 分，請問小雅共由全倒中得到幾分呢？
4. 小黛共打了 4 場球，如果每場她都丟了兩次球，請問小黛共丟了幾次球呢？
5. 小貝最好的分數是 162 分，其他的 3 場球各得 101 分、120 分及 105 分，請問小貝所得的最高分和最低分共是幾分呢？
6. 參賽的 45 個女孩被分成 9 組，每一組需打 4 場球，請問共打了幾場球呢？
7. 中華隊和中正隊比賽 3 場，如果中華隊 3 場球共得 1763 分，中正隊比中華隊少得 194 分，請問中正隊共得幾分呢？
8. 小東和小平比賽，如果小東得 1500 分，而小平又比小東多得 625 分，請問小平究竟得幾分呢？
9. 參賽的 45 個女孩在賽後分食了一些糖果，如果每一位都吃了 3 塊糖，請問他們共吃了幾塊糖呢？
10. 小玫和小華在打全倒的次數上平手，如果她倆共打了 20 次全倒，請問她們每一位都各打了幾次全倒呢？

答案： *1.* 18 位　*2.* 70 分

3. 104 分　*4.* 8 次

5. 263 分　*6.* 36 場

7. 1569 分　*8.* 2125 分

9. 135 塊　*10.* 10 次

單元 123

男孩與食物

文堯是一個 13 歲的男孩，每個星期一下午他都在李太太家打工，而李太太都會付給他 75 元。但有一個特別的星期一，李太太給了文堯 3 個蘋果和 2 個梨子，文堯很高興，因為如此一來文堯將有 9 個水果，且將比他的朋友至盛多出 2 個，至盛有 2 個蘋果和一些香蕉。而他們的另一位朋友小奇也有一些水果，他有 6 個蘋果、6 個梨、4 根香蕉、1 大盒麥片、2 小盒麥片、1 打蛋和一盒香皂。

1. 誰的水果比較多呢？
2. 文堯的水果數比至盛的多出幾個呢？
3. 至盛共有幾根香蕉呢？
4. 小奇的香蕉數比至盛的香蕉數多嗎？
5. 在李太太給文堯水果前，文堯原有幾個水果呢？
6. 小奇需送掉幾個水果，他的水果數目才會和蛋的數目一樣多？
7. 請問至盛共有幾個水果呢？
8. 請問文堯共有幾個水果呢？
9. 如果文堯替李太太工作了四個星期一，請問文堯共可得多少錢？
10. 請問這些小孩們共有幾個蘋果？
11. 請問蘋果和梨子哪一種水果的總數比較多呢？
12. 請問水果的總數比蘋果的總數多出幾個呢？
13. 請問水果的總數比香蕉的總數多出幾個呢？
14. 請問水果的總數比梨子的總數多出幾個呢？
15. 請問他們的東西中有哪一樣不是食物呢？

16. 請問一打蛋是幾個呢？

答案：
1. 小奇
2. 2 個
3. 5 根
4. 沒有
5. 4 個
6. 4 個
7. 7 個
8. 9 個
9. 300 元
10. 11 個
11. 蘋果
12. 21 個
13. 13 個
14. 24 個
15. 香皂
16. 12 個

單元 124

做點心

小望想為他們的班級做一些點心，所以小望的媽媽買了 1 包巧克力小餅乾、2 包小蛋糕和 1 包巧克力杏仁餅的材料。他們在下午三點半開始烘烤，做杏仁餅需花一個半小時，做小蛋糕要花一小時，而做巧克力小餅乾則又花了一個小時。

第二天小望帶了 12 個巧克力杏仁餅、20 個小蛋糕和 24 個巧克力小餅乾到班上去。班上共有 28 位小朋友，其中的 15 位是男孩子。這個聚會在上午十一點十五分開始，並持續了一個小時，而且王老師也帶來了 12 瓶沙士、6 瓶葡萄汁和 10 瓶橘子汁，每個人都玩得很高興。

1. 請問小望的媽媽共買了幾包做點心的原料呢？
2. 做小蛋糕的原料或是做巧克力小餅乾的原料較多呢？多出幾包？
3. 請問小望共帶了幾個小點心到班上去呢？
4. 如果班上的每個小孩都要分到 2 個小點心，請問小望帶來的這些點心夠嗎？
5. 請問每個男孩都可以吃到一個巧克力小餅乾嗎？
6. 請問每個女孩都可以吃到一個小蛋糕嗎？
7. 如果每個女孩都各吃了一個小蛋糕，請問還有幾個男孩子也可以吃到小蛋糕呢？
8. 請問王老師帶來了幾瓶不是沙士的飲料呢？
9. 請問王老師共帶來了幾瓶飲料呢？
10. 請問每個男孩都可以喝到一瓶沙士嗎？
11. 在小望帶點心到學校去之前，她的弟弟先吃了 2 個巧克力杏仁餅，請問原先有幾個巧克力杏仁餅呢？

12. 請問班上有幾位女孩子呢？

答案：

1. 4 包
2. 小蛋糕，1 包
3. 56 個
4. 夠
5. 可以
6. 可以
7. 7 個
8. 16 瓶
9. 28 瓶
10. 不可以
11. 14 個
12. 13 位

單元 125

到海邊玩

小吉、小菲、小比和小為要一同去海邊玩，他們早上八點在小菲的家裡碰面一起出發，需花 2 個小時開 86 公里的車程到海邊去。小比負責準備三明治，他為每一個人做了 3 個三明治，每個三明治都各用了 2 片麵包、90 公克火腿、1 片乳酪和 2 片蕃茄。而小吉負責做檸檬汁，他買了 3 個檸檬，而每一個都可做成 8 杯檸檬汁。另外小菲花了 300 元的汽油錢和 100 元的停車費，而小為則負責攜帶排球用具。

當到達海灘後，他們去游了 6 次泳，但小吉只游了 4 次，且他們和在場的其他遊客共組成了 4 隊，每隊都有 4 個人，比賽了 8 場球，結果小吉他們贏了 2 場，各為 15 比 11 和 15 比 8。後來小比買了 8 份薯條，而每個人給了他 100 元，但每兩份薯條只要 75 元，且每個人都買了兩份薯條。他們在晚上六點就開車回家了。

1. 請問他們何時到達海邊？
2. 請問他們何時離開海邊？
3. 請問他們共花了多少時間在海邊？
4. 請問小比做了幾個三明治？
5. 請問小比共用了幾公克的火腿來做三明治？
6. 如果小吉只給小比 2 個 25 元和 3 個 10 元買薯條，請問小吉可以找回多少錢？
7. 請問共有多少人一起玩排球？
8. 小為吃了自己點的那些薯條後，又再吃了小吉給他的一份薯條，請問小為共吃了幾份薯條呢？

9. 小比做的三明治有一半是有加上草莓醬的，而另一半是加上美乃滋醬的，請問共有幾個三明治是加上美乃滋醬的呢？

答案：

1. 早上十點
2. 下午六點
3. 8 小時
4. 12 個
5. 1080 公克
6. 5 元
7. 16 人
8. 3 份
9. 6 個

單元 126

拜訪朋友

小薇、小咪、小畢和小台都住在南北高速公路的沿線上。有一天小薇和小咪決定去找小畢和小台玩，小咪住的地方離小畢家有 147 公里，而小薇離小畢家又比小咪離小畢家多出 12 公里，而小薇家離小台家有 179 公里。

小薇和小咪決定八月二十七日星期六去拜訪小畢他們，並在早上十一點到達小畢家，而於下午七點回到家，當天小台也開車到小畢家會合，以便縮減小薇和小咪來回的路程，而且小薇和小咪也決定走一段新開闢好的北二高，因為走這條路將減少 9 公里的路程。但後來因為路不熟，所以小薇他們決定去時走舊道路，回來時再走新道路。

1. 從小薇到小畢家如果走舊道路將有多少公里遠呢？
2. 從小薇到小台家如果走舊道路將有多少公里遠呢？
3. 從小畢到小台家如果走舊道路將有多少公里遠呢？
4. 請問小咪來回小畢家這一趟，共走了幾公里？
5. 如果小薇開車的時速是七十公里，在接完小咪後，她已開了兩小時的車，請問小薇還需再開多少公里才能到小畢家呢？
6. 如果走新道路，從小咪到小畢家將有多少公里遠呢？
7. 如果從小畢到小咪家需走兩小時，請問小咪需於何時離家才可在早上十一點到達？

答案：*1.* 159 公里　*2.* 179 公里

3. 20 公里　*4.* 285 公里

5. 7 公里　*6.* 138 公里

7. 早上九點

單元 127

讀小說

蔡媽媽在 8 月 16 日買了三本小說，當天下午她讀了 40 頁的「戰爭與和平」。但第二天她決定先閱讀較輕鬆的愛情小說，並規定自己每天看 75 頁，過了七天她便看完了愛情小說。可是她覺得自己閱讀的速度太慢了，於是決定每天閱讀「戰爭與和平」100 頁，另一本 440 頁的科幻小說也每天閱讀，到了 9 月 3 日，她恰好把這兩本小說都看完了。

1. 蔡媽媽共花了幾天才把三本小說看完？
2. 她買的愛情小說共有幾頁？
3. 她在 8 月幾日把愛情小說看完？
4. 「戰爭與和平」共有幾頁？
5. 蔡媽媽共花了幾天才把「戰爭與和平」看完？
6. 蔡媽媽買來的三本小說共有幾頁？
7. 如果她每天閱讀的頁數一樣，那麼她每天閱讀多少頁的科幻小說？
8. 如果她想在 9 月 1 日以前把剩下的小說讀完，那麼她每天必須讀幾頁的科幻小說？

答案：
1. 19 天
2. 525 頁
3. 23 日
4. 1140 頁
5. 12 天
6. 2105 頁
7. 40 頁
8. 55 頁

單元 128

數學競試

林校長是崇文國小的校長，他的朋友洪太太是垂楊國小的校長。

有一天所有的校長都聚在一起開會，而林校長突然說：「我們學校小朋友的數學是全市最棒的。」而洪校長卻說：「不，我們的才是最棒。」

結果林校長笑笑說：「如果你認為你們的學生比我們的還好，那讓我們來比比看吧！」

洪校長說：「好吧！會議之後讓我們來商量一下比賽的規則吧！」

以下就是他們所定下的規則：

1. 所有一年級學生都得做十題加法問題。
2. 所有二年級學生都得做十題加法問題和十題減法問題。
3. 只有一、二年級的學生才可參加比賽。
4. 兩個學校的一、二年級各要有 62 個和 57 個學生參加比賽。

後來比賽結束，一年級的結果是：崇文國小的學生都答對了，而垂楊國小的每個學生都各答錯一題。

而二年級的結果是：崇文國小的學生在加法的問題上都答對了，但在減法的問題上則各答錯兩題。而垂楊國小的學生也全部答對了加法的問題，且每個學生都各答對 9 題減法的問題。

1. 請問垂楊國小的一年級學生共答對了幾題加法？
2. 請問在一年級方面，崇文國小的學生共比垂楊國小的學生多答對了幾題？
3. 請問在二年級方面，每個學校各答對了幾題加法問題？

4. 請問崇文國小的學生共答對了幾題減法問題？

5. 請問垂楊國小的學生共答對了幾題減法問題？

6. 請問哪一個國小贏得一年級的數學比賽？

7. 請問哪一個國小贏得二年級的數學比賽？

8. 請問崇文國小二年級學生答對的加法問題比答對的減法問題多出幾題？

9. 整體而言，二年級學生的加法較好還是減法較好？

答案：1. 558 題　2. 62 題
3. 570 題　4. 456 題
5. 513 題　6. 崇文國小
7. 垂楊國小　8. 114 題
9. 加法

單元 129

嘉惠國小

嘉惠國小成立於民國六十五年，第一年有學生 724 人。校地共有 6247 坪，當時的地價一坪是 2845 元。到了民國七十七年，嘉惠國小的學生總數比民國六十五年增加了 3708 人，教室也增加了 74 間，現在總共有 90 間。依照規定，嘉惠國小每四年便要換一次校長。民國七十七年時嘉惠國小有教師 143 人，連職員共有教職員工 172 人，其中有 15 位自然科教師及 12 位體育教師。每天早上全校師生都要到操場去升旗，每天在學校的時間總共有 9 小時，然後在下午 5 點放學回家。

1. 嘉惠國小開辦到今年有幾年的歷史了？
2. 在民國七十七年該國小共有多少學生？
3. 如果現在的地價是每坪 9680 元，那麼每坪漲價多少元？
4. 嘉惠國小剛創立時有多少間教室？
5. 民國七十七年時全校師生共有多少人？
6. 所有教職員工中，既不是自然科老師，也不是體育科老師的有多少人？
7. 如果在升旗前，有半小時的晨間自習，那麼小朋友要在幾點鐘以前到校？
8. 嘉惠國小每天早上幾點鐘升旗？

答案：*1.* 以採用本教材教學的那一年減去 65　*2.* 4432 人

3. 6835 元　*4.* 16 間

5. 4575 人　*6.* 145 人

7. 8 點　*8.* 8 點半

單元 130

菜園

小橋和小玲想要開闢一個長 16 公尺、寬 12 公尺的菜園，於是小橋的舅舅便將他的土地以每個月 300 元的租金租給他們。

首先他們必須購買圍土地用的籬笆，而這些籬笆是以每 2 公尺為一個單位賣出，但他們原先就有 12 公尺的籬笆了。

然後在六月一日這天，他們把地鋤一鋤，並將地分成不同的區以便栽種不同的植物。他們圍了一塊長 6 公尺、寬 3 公尺的地來種植玉米，一塊長 9 公尺、寬 6 公尺的地來種青豆，以及四塊長寬都是 3 公尺的正方形地來種小黃瓜、紅蘿蔔、萵苣和大黃瓜，而剩下的地則用來栽種草莓。

種完後的 20 天，菜園有了第一次的收成，他們採收了 8 條青豆、6 根玉米以及小黃瓜、紅蘿蔔、萵苣各 2 個。第二次他們採收了所有的作物，但收穫量都只有第一次的一半，同時他們也採收了 12 公斤的草莓。

1. 請問小橋和小玲還須再購買幾公尺的籬笆呢？
2. 請問哪一天他們開始栽種植物呢？
3. 栽種玉米的土地面積是多少呢？
4. 栽種小黃瓜的土地周長是多少呢？
5. 栽種青豆的土地面積是多少呢？
6. 栽種草莓的土地面積是多少呢？
7. 種植玉米的土地面積比種植青豆的土地面積少了多少呢？
8. 如果小橋他們租了兩年的地，請問他們須付多少租金？
9. 請問他們第一次採收時共採收了多少種類的作物呢？

10. 請問第二次收成時共採收了幾根玉米呢？

答案：

1. 44 公尺
2. 六月一日
3. 18 平方公尺
4. 12 公尺
5. 54 平方公尺
6. 84 平方公尺
7. 36 平方公尺
8. 7200 元
9. 5 種
10. 3 根

單元 131

當褓姆

小貝每天到王媽媽家當褓姆賺取外快。她每天下午三點放學後就可以到王太太家當褓姆直到晚上十點，星期五她可以工作到凌晨一點，而星期六她則需從早上八點工作到凌晨一點。至於星期天她則從早上八點工作到晚上十點。小貝每一小時的工資是 60 元。

這個星期二，小貝放學回家並留在家裡做了兩小時的功課，然後到王太太家當褓姆，直到晚上十點。王家有兩個小孩，一個是 8 歲的小咪，另一個是 5 歲的小菲，小貝為他們到麥當勞買晚餐，並和他們一起吃晚餐。

這天他們每一個人都吃了 2 個漢堡、15 條根條和 3 個小蛋糕，晚餐之後這兩個小孩看了七點到八點的電視節目，然後在八點半上床睡覺。在小孩睡了之後，小貝讀了 75 頁的書，並停在第 153 頁，到晚上 10 點才回家。

1. 請問王太太的小孩共吃了幾根薯條呢？
2. 如果晚餐後還剩下 12 個小蛋糕，請問晚餐前共有多少個小蛋糕呢？
3. 請問星期二小貝從幾點開始當王家的褓姆呢？
4. 小咪年紀大或小菲大呢？大幾歲？
5. 請問小咪和小菲被允許看幾小時的電視節目呢？
6. 請問小貝從第幾頁開始讀書呢？
7. 請問晚餐共吃了多少種食物呢？
8. 請問星期二小貝當王家的褓姆賺得多少錢呢？
9. 請問星期六小貝要工作幾小時？

10. 如果小貝在星期一、三、四晚上各工作 6 小時，請問這 3 天她總共工作幾小時呢？

11. 請問小貝在星期五當褓姆的時間比星期四多出幾小時呢？

12. 請問他們共吃了幾個漢堡呢？

答案：

1. 30 條	*2.* 21 個
3. 下午 5 點	*4.* 小咪年紀大，大 3 歲
5. 1 小時	*6.* 78 頁
7. 3 種	*8.* 300 元
9. 17 小時	*10.* 18 小時
11. 3 小時	*12.* 6 個

單元 132

做戲服

小偉、小濤、小玲和小迪正為學校的舞台劇縫製戲服，劇中共有 25 個人，且每個人各需兩套戲服。另外，劇中有 15 位女演員，每位女演員都需要 3 公尺的藍點紗及 4 公尺紅白條紋布，而每位男演員則需要 2 公尺的棕色麻布及 3 公尺的黑色棉布。

此外，他們也需要做窗簾，每個窗簾都需要 8 公尺的白蕾絲及 16 公尺的透明紗。

小濤買了 29 包的鈕子、一些拉鍊和五種不同顏色的縫線，紅色和白色線各有 8 卷，而藍色、黑色和棕色的線各有 6 卷。

小偉他們可在一天內縫製出五套戲服，並在戲服完成後開始做窗簾，而做窗簾需要四個工作天。今天是六月二日，舞台戲將於六月二十五日開演。

1. 請問戲中共有幾位男演員呢？
2. 請問他們共需要多少公尺的藍點紗呢？
3. 請問他們共需要多少公尺的棕色麻布和黑色棉布呢？
4. 如果每包鈕子中有 6 個鈕子，請問小濤共買了幾個鈕子呢？
5. 如果每一套戲服都需要一條拉鍊，請問共需幾條拉鍊呢？
6. 請問有幾捲縫線不是黑色的？而有幾捲不是白色的？
7. 如果共有 5 扇窗，請問共需幾公尺的透明紗呢？
8. 如果他們明天開始縫戲服，請問他們哪一天會縫好戲服呢？
9. 請問縫製工作何時可全部完成呢？
10. 如果只有縫製女演員的戲服將需要幾個工作天呢？

11. 請問有幾捲縫線不是黃色的？

答案：*1.* 10 位

2. 45 公尺

3. 50 公尺

4. 174 個

5. 50 條

6. 28 捲不是黑的，26 捲不是白的

7. 80 公尺

8. 六月十二日

9. 六月十六日

10. 6 天

11. 34 捲

單元 133

棒球賽

小德、小橋和小吉一起到台北市立棒球場去看了一場棒球賽，他們必須搭公車到棒球場去，公車的費用是每人 24 元。

結果他們唯一可買到的座位是位於球場的外野區，而此區的票價是每張 275 元。這個體育場共可容納 65010 個球迷，外野區有 65 排，且每一排各有 25 個座位，而內野區又比外野區多出 300 個座位。

球場本壘到左外野的距離是 301 公尺，到中外野是 496 公尺，到右外野的距離又比到左外野的距離少 5 公尺。

從職棒元年到四年，兄弟隊共贏了 3 次季冠軍。兄弟隊的投手在第一局需面對 5 個打者，並各投 4 個球，且每一局都需時 15 分鐘。九局之後，兄弟隊共得了 8 分、擊出 24 支安打，其中包括 2 支全壘打及 4 次失誤，結果是兄弟隊贏了 6 分。

1. 從職棒元年起兄弟隊花了幾年才贏得 3 次季冠軍呢？
2. 請問本壘到右外野的距離是多少呢？
3. 請問有多少個座位不在外野區呢？
4. 請問有多少個座位在外野區呢？
5. 小德付 300 元來買票，請問可找回多少錢呢？
6. 小吉欠小橋 135 元，且在賽前就付給小橋，如果小橋想要買票，請問他還需再付多少錢呢？
7. 兄弟隊的投手必須投 7 局球，且每一局都遇到和第一局相同數目的打者，請問兄弟隊的投手共需面對幾位打者？
8. 請問一場球賽共需時多久呢？

9. 請問另一隊得了多少分？

10. 如果兄弟隊在第二局得 2 分、第四局得 1 分，而其餘的分數都在第八局獲得，請問兄弟隊在第八局得幾分？

11. 如果另一隊比兄弟隊多了 5 次失誤，請問此隊共失誤幾次呢？

12. 若兄弟隊有 3 次打擊是二壘安打，2 次是三壘安打，請問有幾次打擊不是二壘和三壘安打？

13. 每擊出一次全壘打，都有一個人在壘，請問這一場比賽中的所有全壘打共有幾人在壘？

14. 小吉帶了 75 元來坐公車，請問他剩多少錢呢？

答案：

1. 4 年	2. 296 公尺
3. 1925 個	4. 1625 個
5. 25 元	6. 140 元
7. 35 位	8. 135 分鐘
9. 2 分	10. 5 分
11. 9 次	12. 19 次
13. 2 人	14. 51 元

單元 134

生日宴會

今天瑞安決定請小穎到餐廳吃晚餐來慶祝她的生日，小穎生於 1965 年的 4 月 15 日，而瑞安比小穎早生了一個月，且瑞安出生時重五公斤，而小穎出生時只有三公斤重。

瑞安在下午五點半打電話給小穎，並於一小時後去接她，他們一起搭計程車到餐廳，車費一共是 325 元。

瑞安叫了一份 25 元的沙拉、一份 325 元的牛排和一份 75 元的乳酪蛋糕，而小穎則叫了一份 25 元的沙拉、一份 425 元的龍蝦及一份 75 元的乳酪蛋糕。

1. 請問今年小穎幾歲了？
2. 請問瑞安今年幾歲了？
3. 誰出生時較重？重多少公斤？
4. 1984 年時小穎是幾歲？
5. 請問西元幾年小穎是 35 歲？
6. 如果小穎自出生後每年都增加 2 公斤，請問她現在有幾公斤重呢？
7. 請問你現在比小穎重或輕呢？重或輕多少？
8. 瑞安自從出生後每年增加 2 公斤，請問他現在有幾公斤重呢？
9. 請問你比瑞安重或輕呢？重或輕多少？
10. 請問瑞安幾點要去接小穎呢？
11. 如果瑞安付給計程車司機剛好的錢數，請問他要怎樣付錢最方便？
12. 如果瑞安付給司機 500 元，請問可找回多少錢呢？
13. 請問瑞安的沙拉和牛排共需多少錢呢？

14. 請問小穎的龍蝦和蛋糕共需多少錢呢？

15. 請問瑞安共需付多少晚餐費呢？

16. 如果瑞安給侍者 1000 元付晚餐費，請問他可找回多少錢呢？

答案：1. 把使用本教材的那一年減去 1965 年

2. 把使用本教材的那一年減去 1965 年

3. 瑞安較重，重 2 公斤　　4. 19 歲

5. 2000 年

6. 把第 1 題答案乘以 2，再加上 3 公斤

7. 開放答案

8. 把第 2 題答案乘以 2，再加上 5 公斤

9. 開放答案　　10. 六點半

11. 三張 100 元，二個 10 元，一個 5 元

12. 175 元　　13. 350 元

14. 500 元　　15. 950 元

16. 50 元

單元 135

美術用品店

美術用品店裡有賣所有的美術用品。有一天耀宗到店裡去選購他在美術課所需要的一些用具，他一星期要上兩次課且需上八個星期。他必須準備 4 個畫架、10 支刷子以及 14 瓶顏料。所以耀宗選擇了 3 瓶不同深淺的綠色、5 瓶不同深淺的紅色，以及藍、黑、白色各兩瓶，並且各買了和刷子同樣數目的大、小水彩筆。

耀宗也在店裡選購了一些其他的用品。畫紙正以半價出售，且每包都含有 20 張畫紙，另外他們也賣四種不同大小的畫框，有 5 公分 × 7 公分，11 公分 × 20 公分，12 公分 × 24 公分和 16 公分 × 32 公分，耀宗買了 5 包畫紙，而各種大小的畫框也各買了一個。

1. 請問耀宗共需去上幾次美術課呢？
2. 請問他共買了幾瓶不是綠色的水彩呢？
3. 請問他共買了幾瓶既不是黑色也不是白色的水彩呢？
4. 請問他共買了幾枝大的水彩筆呢？
5. 如果店裡有 18 包畫紙，請問共有幾張畫紙呢？
6. 請問最小的畫框周長是多少呢？
7. 請問最大的畫框面積是多少呢？
8. 如果耀宗共買了 937 元的畫具，而他付了一千元，請問他可找回幾元呢？
9. 如果耀宗想多買 2 個畫框，而他只剩下 375 元，還需要再多 250 元才夠買，請問這 2 個畫框共值多少元呢？

答案：1. 16 次　　　　2. 11 瓶
3. 10 瓶　　　　4. 10 枝
5. 360 張　　　　6. 24 公分
7. 512 平方公分　　　　8. 63 元
9. 625 元

單元 136

去外婆家

王先生一家人住在台北市，家中的成員有王先生、王太太和三個小孩，分別是小頓 11 歲、小艾 14 歲和 15 歲的小瑞。

他們已經有三年的時間沒有到高雄去看他們的外婆了，所以他們決定利用春節假期到高雄去探望外婆，但因為車票難買，所以他們決定搭飛機去高雄。因此他們把車停在機場，搭飛機到高雄，再租車。

機票的價位如右：	成人來回票	：3880 元
	12 歲以下的小孩來回票	：1940 元
其他的費用如右：	一整天停車費	：600 元
	高雄機場搭計程車到外婆家	：700 元
	一整天租車費	：1600 元
	每個小孩一天的零用錢	：200 元

1. 請問四張大人的來回機票共需多少錢？
2. 請問王先生一家人的來回機票共是多少錢？
3. 如果他們在祖母家住了七天，請問共需花多少停車費呢？
4. 請問租七天車將花多少錢？
5. 請問他們七天的假期共需花費多少？
6. 請問如果租四天車，將花多少錢？
7. 如果王家只租四天車，請問他們將少花多少錢？
8. 如果王家租了四天車且搭計程車從機場來回祖母家，請問光是在高雄的交通費將花費多少錢？

9. 如果包括所有的機票、計程車費，及四天的租車費、停車費，請問王家共花了多少錢在交通費上？

答案：

1. 15520 元
2. 17460 元
3. 4200 元
4. 11200 元
5. 37060 元
6. 6400 元
7. 4800 元
8. 7800 元
9. 27660 元

單元 137

大拍賣

在中正路和中山路口的購物中心正在舉行大拍賣，所有的貨品都在降價求售。

男士夾克由 1600 元降至 1200 元，女士毛衣降了 400 元，以 900 元售出，而襪子也由一雙 100 元降至三雙 200 元。

百貨公司也在玩具、花圃用具及汽車零件上有最佳的折扣。如獅子王娃娃由原先的 800 元降至 400 元，兔寶寶由原先的 900 元降至 700 元，而唐老鴨則由 900 元降至 500 元。

四年保證的汽車電池需要 4300 元，每個便宜了 800 元；三年保證的汽車電池則由原先的 4000 元降至 3400 元。另外機油也由原先的一公升 100 元降至兩公升 100 元；花園的鋤頭由一把 300 元降至一把 200 元；而 1 包五公斤的胚芽米也降價 50 元，以 145 元售出。

1. 黃先生買了一個四年保證的汽車電池，可以省 800 元，請問此電池原價為多少呢？
2. 黃太太買了 2 包五公斤重的胚芽米，請問她省了多少錢？
3. 小寶和小玲想買 1 隻獅子王娃娃和 1 隻唐老鴨，請問他們各可省下多少錢？
4. 請問女士毛衣原價多少呢？
5. 黃家共買了 9 雙襪子，請問共需花多少錢？
6. 請問買 2 件男士夾克共需多少錢？共省了多少錢？
7. 洪先生買了 8 公升的機油，可以省多少錢？
8. 洪太太買了 1 把鋤頭和 6 包胚芽米，請問共需花多少錢？

答案：*1*. 5100 元　*2*. 100 元

3. 800 元　*4*. 1300 元

5. 600 元　*6*. 2400 元，800 元

7. 400 元　*8*. 1070 元

單元 138

嗜好統計

＊ ＝ 10 個人

讀書的人	＊＊＊＊＊
滑雪的人	＊＊＊
游泳的人	＊＊＊＊＊＊
打棒球的人	＊＊
看電視的人	＊＊＊＊
打網球的人	＊＊＊＊＊
溜滑板的人	＊＊＊

1. 請問上表中共代表幾個人？
2. 請問哪個活動有最多的人參與？
3. 請問有多少人喜歡溜滑板？
4. 請問喜歡讀書和喜歡看電視的人共有多少？
5. 請問喜歡讀書的人比喜歡滑雪的人多出幾個？
6. 如果每個喜歡看電視的人每週都看 25 小時的電視，請問上表看電視的人一週共看了幾小時的電視？
7. 請問有多少人喜歡做戶外運動？
8. 請問有多少人總是從事戶內運動？
9. 如果有 23 個人只喜歡在泳池裡游泳，請問有幾個人喜歡在其他的地方游泳？
10. 如果一個＊代表 6 個人，而非 10 個人，請問共有多少人喜歡滑雪呢？

答案： *1.* 280 人　　*2.* 游泳

3. 30 人　　*4.* 90 人

5. 20 人　　*6.* 1000 小時

7. 190 人　　*8.* 90 人

9. 37 人　　*10.* 18 人

單元 139

文具店

卡片一張：45 元	包裝紙一張：40 元
文具一盒：250 元	緞帶一條：50 元
鋼筆一組：450 元	折信刀：185 元

這一家文具店在星期一、二、三從早上九點營業至下午四點，而星期四、五、六則從早上九點營業到晚上九點，星期天不營業。小珊在這一家文具店打工。

1. 請問這家店一週共營業幾小時？
2. 如果小珊一週工作 5 天，一天工作 6 小時，請問小珊八週共工作幾小時？
3. 星期六是最忙碌的一天，每小時都有 30 個人到店內，且每個人都至少花費 200 元，請問星期六共有多少個顧客？
4. 小珊將所有的卡片擺放成 4 疊，而每疊都有 10 排，且每排都有 12 張卡片，請問共有幾張卡片呢？
5. 小郭在店裡買了一組鋼筆、一張包裝紙、一條緞帶和一張生日卡，請問他共花了多少錢？
6. 小郭有五張 100 元、兩張 50 元、四個 10 元及三個 5 元，請問小郭買上列的東西該怎麼付才不需要找錢？
7. 如果上表中的每種東西都各買了一樣，請問共需花費多少錢呢？
8. 王太太買了幾張賀卡及一些其他的東西，結果總共要 655 元，而卡片則需 225 元，請問其他的物品共需多少錢？

9. 小橋付錢買了一盒文具、一把拆信刀和兩張卡片後，還剩下 80 元，請問他原有多少錢呢？

10. 請問店裡最貴的和最便宜的東西相差多少錢呢？

11. 只要單價少於 200 元的物品，小齊都想各買 2 樣，請問小齊共可購買幾樣物品呢？共需付多少錢呢？

12. 小珊的媽媽買了兩張卡片、一盒文具及一張包裝紙，而小珊給了他媽媽 75 元的折扣，如果她媽媽共付了 400 元，請問小珊的媽媽將找回多少錢呢？

答案：1. 57 小時　　2. 240 小時

3. 360 人　　4. 480 張

5. 585 元

6. 五張 100 元，一張 50 元，三張 10 元，五個 1 元

7. 1020 元　　8. 430 元

9. 609 元　　10. 410 元

11. 8 樣 540 元　　12. 95 元

單元 140

健身運動

緊身衣：500 元
韻律服：800 元
大毛巾：600 元

運動訓練課程：每月 800 元	運動加三溫暖課程：每月 1200 元
特殊健身課程：每週 300 元	特殊運動三溫暖課程：每年 10000 元
游泳訓練課程：每月 200 元	特殊運動課程：每年 7800 元
三溫暖的課程：每月 500 元	

1. 小曼報名了兩個禮拜特殊健身課程，請問她需付多少錢？
2. 小琦報名了一個月的運動加三溫暖課程，並買了一條大毛巾及一件韻律服。如果她付了 3000 元，請問她可找回多少錢？
3. 小倩報名了三個月的游泳訓練及三溫暖班，並且買了一條大毛巾，請問她共花了多少錢呢？
4. 小利一星期參加運動訓練課程四次，並使用三溫暖兩次，共使用了九週，請問小利九週內共運動幾次呢？
5. 小勻在付了一年特殊運動課程的費用後還剩下 29 元，請問他原先有多少錢呢？
6. 小安每減掉一公斤重就可得獎金 200 元，如果她每一週減掉兩公斤，請問十二週後她可得多少獎金呢？
7. 承上題，小安如果拿這些獎金來參加為期二個月的運動訓練課程，請問她將剩下多少錢？

8. 吳太太參加了特殊運動三溫暖課程，並各買了一件緊身衣、韻律服及大毛巾，請問她共花了多少錢？

9. 小妮參加了三個月的運動訓練課程，但一個月後她決定在剩下的兩個月改參加游泳訓練課程，請問小妮共需繳付多少錢呢？

10. 如果小琪在繳完 7800 元後還剩下 1400 元，請問她原有多少錢呢？

答案：

1. 600 元	2. 400 元
3. 2700 元	4. 54 次
5. 7829 元	6. 4800 元
7. 3200 元	8. 11900 元
9. 1200 元	10. 9200 元

單元 141

假期活動

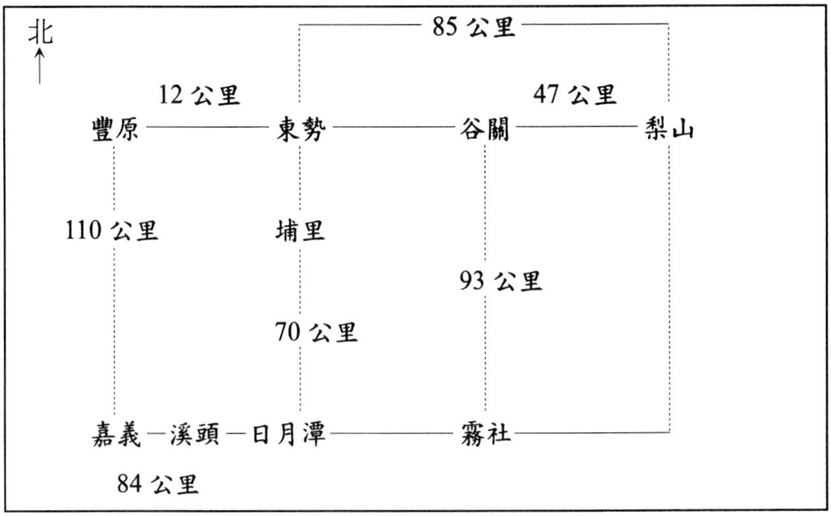

1. 小敏和小華有兩週的假期，他們由梨山出發往西開了 22 公里去吃早餐，請問他們還需再開多少公里才能到達谷關？
2. 如果從東勢到梨山共 85 公里，請問東勢到谷關距離幾公里？
3. 如果從豐原往南開 110 公里，請問可到達哪裡呢？
4. 從豐原往東開到東勢後休息一會兒，再從東勢到日月潭這段往南的路程共花了 2 小時，且時速是 45 公里，請問東勢到日月潭距離幾公里呢？
5. 如果從溪頭開到霧社需要 2 小時（時速 31 公里），請問嘉義到霧社距離幾公里呢？
6. 從溪頭到霧社共幾公里？
7. 從溪頭往北開 33 公里，如果再開 68 公里可到達東勢，請問溪頭距東勢幾公里？

8. 如果你以 25 公里的時速從豐原往東開，請問 2 小時後將可到達哪裡呢？

9. 如果你由梨山經霧社到溪頭共開了時速 50 公里共 2 小時的車，以及時速 36 公里共 1 小時的車，請問從梨山到溪頭的距離是多少？

10. 請問從霧社到梨山距離幾公里？

11. 如果你從日月潭到埔里來回七趟，請問你共開了幾公里呢？

12. 如果從霧社到谷關需要 53 公里，請問由谷關經霧社到溪頭共有幾公里？

答案：

1. 25 公里	2. 38 公里
3. 嘉義	4. 90 公里
5. 146 公里	6. 62 公里
7. 101 公里	8. 谷關
9. 136 公里	10. 74 公里
11. 140 公里	12. 115 公里

單元 142

摸彩遊戲

·兒童醫院擴充病床摸彩義賣·
摸彩券一張四十元，三張一百元
摸彩地點：兒童醫院廣場
摸彩時間：九月二十一日，星期二，下午八點
摸彩獎品：第一獎：20 吋彩色電視機
第二獎：錄音機
第三獎：手提收音機

1. 兒童醫院在九月二日開始出售摸彩券，請問這天離抽獎日還有幾天呢？
2. 如果鄭醫生花了 500 元買彩券，請問他共可購買幾張呢？
3. 夏小姐賣了十天的彩券，其中的三天各售出 35 張，而另外的七天則各售出 47 張，請問夏小姐究竟賣出幾張彩券呢？
4. 摸彩的前三天是幾月幾日星期幾呢？
5. 小匀在摸獎前的一個半小時還剩下 26 張彩券沒賣出，如果小匀已經賣出了 153 張彩券，請問小匀原有幾張彩券呢？
6. 兒童醫院有 3 層樓，每層都有 107 張病床，如果在此次的摸彩義賣會後將增加 245 張病床，請問將共有幾張病床呢？
7. 小咪在摸彩前三個小時還剩下三張彩券沒賣出，而在摸彩前一小時則賣完了所有的彩券，請問小咪在何時賣完所有的彩券？
8. 如果所有彩券被平分成四箱，且每箱都有 568 張，請問共有幾張彩券呢？

9. 小黛有 435 元，但她必須存下 50 元來買午餐，而剩下的錢都拿來買彩券，請問她共可買幾張彩券呢？

10. 小文用 4 張 100 元買了 10 張彩券，結果找給她的錢全是 10 元，請問她共找回幾個 10 元呢？

答案：

1. 19 天
2. 15 張
3. 434 張
4. 9 月 18 日，星期六
5. 179 張
6. 566 張
7. 9 月 21 日，下午 7 點
8. 2272 張
9. 11 張
10. 6 個

單元 143

麥當勞

漢堡：35 元	小薯條： 20 元
麥香雞堡：55 元	大薯條：35 元
麥香魚堡：40 元	小可樂：15 元
雞塊：50 元	大可樂：30 元

1. 請問一塊雞塊要多少錢？
2. 2 份小薯條要多少錢？
3. 大薯條較貴或漢堡較貴？貴多少？
4. 漢堡較貴或麥香雞堡較貴？貴多少？
5. 小方買了一份麥香魚堡、大薯條及小可樂，而小林則買了一份麥香雞堡和大可樂，請問他們共花了多少錢呢？
6. 莎莎買了 2 個麥香魚堡、3 份小薯條、4 杯大可樂，而庭庭則買了 4 份麥香雞堡、1 份小薯條及 1 大杯可樂，請問誰需花較多錢？多了幾元？
7. 如果我有 3 個 5 元、4 個 10 元及 6 個 1 元，請問我可買到一份麥香雞堡嗎？如果可以，請問我還剩多少錢呢？錢還夠買一杯可樂嗎？
8. 如果小丹有 60 元，想買一份薯條及大可樂，請問小丹可買到大薯條或小薯條？
9. 小湯有 1 張 100 元、1 張 50 元、3 個 10 元及 5 個 1 元，如果他想要買一份麥香雞堡、一份大薯條及一杯小可樂，請問他要如何給錢而不用找錢呢？

10. 我付了 100 元來買一個漢堡和一杯大可樂，請問我可找回多少錢呢？

11. 65 元能買些什麼東西呢？

答案： *1.* 50 元

2. 40 元

3. 一樣價錢

4. 麥香雞堡較貴，貴 20 元

5. 175 元

6. 庭庭，10 元

7. 可以，6 元，不夠

8. 小薯條

9. 一張 100 元，五個 1 元

10. 35 元

11. 開放答案

單元 144

糖果店

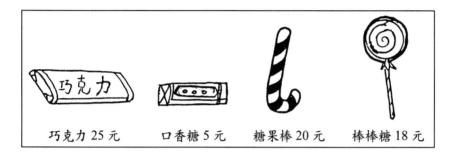

巧克力 25 元　　口香糖 5 元　　糖果棒 20 元　　棒棒糖 18 元

1. 請問口香糖一個多少錢？
2. 5 支糖果棒共要多少錢？
3. 巧克力較貴還是糖果棒較貴？貴多少？
4. 巧克力較便宜還是棒棒糖較便宜？便宜多少？
5. 小喬買了 3 片巧克力，小方買了 10 支糖果棒，誰花的錢較多呢？多了幾元？
6. 棒棒糖比糖果棒便宜了幾元？
7. 小真買了一片巧克力，並給了店員 35 元，但店員只有 1 個 5 元及 8 個 1 元，請問該如何找錢給小真呢？
8. 你有 3 個 5 元、8 個 1 元和 1 個 10 元，請問你有足夠的錢可以買 1 片巧克力或 2 支棒棒糖或 3 支糖果棒嗎？
9. 你有 2 個 10 元及 3 個 5 元，而你又購買了一個口香糖及一片巧克力，請問你可以如何付錢給店員呢？
10. 你付 50 元買了一支糖果棒及一支棒棒糖，請問你可找回多少錢呢？
11. 如果某人有 25 元，請問他可以買到哪一樣東西而不必找錢呢？

12. 如果某人有50元，請問他可以買到哪幾種不同的東西而不必找錢呢？

答案：*1.* 5 元　　*2.* 100 元

3. 巧克力較貴，貴 5 元　　*4.* 棒棒糖較便宜，便宜 7 元

5. 小方，125 元　　*6.* 2 元

7. 1 個 5 元，5 個 1 元　　*8.* 1 片巧克力

9. 2 個 10 元，2 個 5 元　　*10.* 12 元

11. 巧克力　　*12.* 糖果棒、巧克力、口香糖各一個

單元 145

點心店

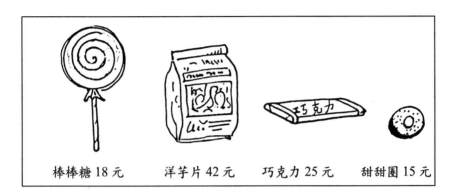

棒棒糖 18 元　　洋芋片 42 元　　巧克力 25 元　　甜甜圈 15 元

1. 小利買了一袋洋芋片及 7 個甜甜圈，請問他需付多少錢呢？
2. 店裡原有 25 個甜甜圈，小真買了 13 個，請問還剩下幾個？
3. 如果小包買了 5 片巧克力之後還剩下 12 片，請問原有幾片巧克力呢？
4. 小馬買了一支棒棒糖及一些其他的糖果，結果他共花了 375 元，請問他花了多少錢在其他的糖果上呢？
5. 店裡原有 10 支棒棒糖，（　）了 3 支，還剩下 7 支棒棒糖。
   ①買進　②賣出　③包裝
6. 小素帶了 2 個甜甜圈進到點心店裡，她又（　）4 個甜甜圈，小素現在有 6 個甜甜圈。
   ①買了　②賣出　③吃掉
7. 小席有 10 包洋芋片，而小真有 23 包洋芋片，請問小真比小席多出幾包洋芋片？
8. 小潔吃了 11 片巧克力，而小華吃了 5 片巧克力，請問小潔比小華多吃了幾片巧克力？

9. 小玲買了 6 個甜甜圈、1 支棒棒糖、1 片巧克力，而小真買了 1 包的洋芋片，請問這兩個女孩共買了幾種點心？

10. 如果小方付 500 元買了 1 支棒棒糖和 7 片巧克力，請問他可以找回多少錢呢？

11. 假如小泰買了 1 包洋芋片、2 片巧克力和 5 個甜甜圈，請問他花了多少錢呢？

12. 明真有 60 元，如果她買了一支棒棒糖，那麼剩下的錢她還可以買什麼東西而不必找錢呢？

答案：

1. 147 元	*2.* 12 個
3. 17 片	*4.* 357 元
5. ②	*6.* ①
7. 13 包	*8.* 6 片
9. 4 種	*10.* 307 元
11. 167 元	*12.* 一包洋芋片

單元 146

運動用品店

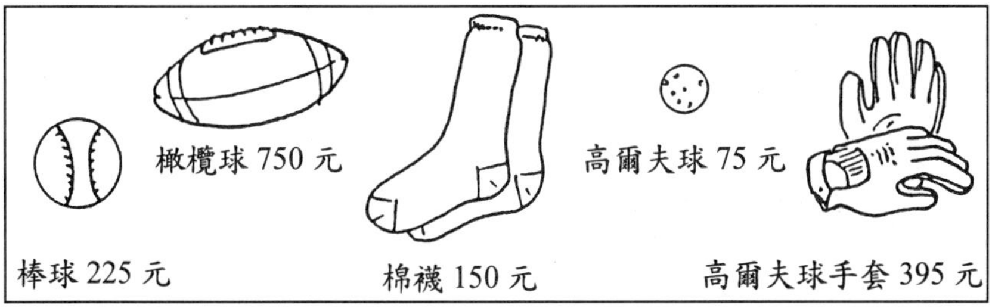

1. 哪些東西的價格少於 100 元呢？

2. 如果你有 400 元，在買了一個棒球和一雙棉襪後，請問你還剩下多少錢？

3. 棒球貴或橄欖球貴呢？貴多少？

4. 小丹在買了一雙高爾夫球手套、一雙棉襪和一個高爾夫球之後，還剩下 480 元，請問他原有多少錢呢？

5. 味全棒球隊買了 24 個棒球及 3 盒棉襪，如果每盒中都有 8 雙棉襪，請問共有幾雙棉襪呢？

6. 一個橄欖球比一雙高爾夫球手套貴多少錢呢？

7. 一個高爾夫球比一個棒球便宜多少錢呢？

8. 如果你用 1000 元去買一個橄欖球，請問可找回多少錢？

9. 如果你用 1000 元去買一個高爾夫球，請問可找回多少錢？

10. 如果你有 498 元，請問還需再加幾元才夠你買一個高爾夫球、一雙高爾夫球手套及一個棒球呢？

11. 1000 元最多可買哪二樣東西呢？

12. 小瓊原有 90 元，而每週又存了 100 元，請問他需存幾週才夠買一個橄欖球呢？

答案：

1. 高爾夫球
2. 25 元
3. 橄欖球貴，貴 525 元
4. 1100 元
5. 24 雙
6. 355 元
7. 150 元
8. 250 元
9. 925 元
10. 197 元
11. 橄欖球和棒球（有多組答案）
12. 7 週

單元 147

建國花市

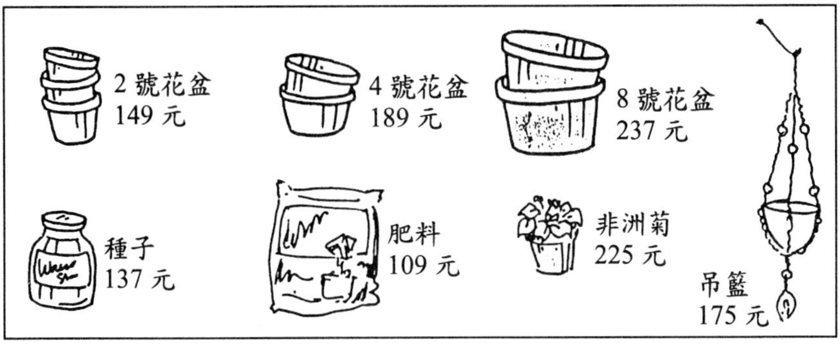

1. 寶玲的攤子上有 2 號、4 號和 8 號的花盆各 85 個，請問寶玲共有幾個花盆呢？
2. 珍君買了 4 號的花盆、吊籃、種子及 2 號的花盆各三個，請問她共買了幾個花盆呢？
3. 耀祖買了一個 4 號的花盆和一盆非洲菊給他的姊姊當生日禮物，另外他又買了一個吊籃給他的女朋友，請問耀祖共花了多少錢？
4. 上個月一瓶種子比這個月便宜 18 元，而這個月的價錢比定價還要再多 35 元，請問這個月底一瓶種子需要多少錢呢？
5. 珊珊在花了 699 元之後還剩下 301 元，請問珊珊原有多少錢？
6. 珊珊用 600 元買了一個 4 號的盆子、一袋肥料和一盆非洲菊，請問他還剩下多少錢呢？
7. 小安原有 800 元，但需要還給他的姊姊 175 元，請問還完錢之後的小安是不是還有足夠的錢去買一個吊籃、一盆非洲菊和一個 8 號的盆子呢？如果可以的話，請問他還剩下多少錢呢？

8. 珍妮共花了 770 元在寶玲的攤子買了一些東西，如果她花了 595 元在購買花盆上，請問她花了多少錢在購買其他的物品上呢？

9. 小芬各買了一個最大和最小的花盆以及一盆非洲菊，如果小芬有一張 500 元和一張 1000 元，請問小芬該怎麼給錢，才可以找回最少的錢？

10. 寶玲決定舉行一個大拍賣，在她攤上的每樣東西都將給予 25 元的折扣售出，如果你將攤上的每種東西都各購買一樣，請問你共可省下多少錢呢？

11. 至偉這週省下 75 元、上週省下 80 元、再上一週省下了 125 元，如果至偉想要購買一個 8 號的花盆和一瓶種子，請問至偉還需多少錢呢？

答案：

1. 255 個
2. 6 個
3. 589 元
4. 172 元
5. 1000 元
6. 77 元
7. 不夠
8. 175 元
9. 一張 1000 元
10. 175 元
11. 94 元

單元 148

二手車大拍賣

福特全壘打 1500 c.c.　車況良好 里程數 45000 公里 下午五時後 TEL:2631-7480 83000 元　　1976 出廠	裕隆 2000 c.c.　銀灰 1988 年 86832 公里　74000 元 看車 9:00-17:00 電　2642-1371 雷先生
三菱客貨兩用九人座 1.3　1985 年 64700 公里 48800 元 電 2548-6311 陳　　上午 8:00-12:00	大慶金美滿 1.3　5 年 跑 43749 公里車況佳 64000 元 電 2997-4198　晚上 7:00-9:00
嘉年華 1.1V　49000 公里 紅色 4 年售 53300 元 洽林小姐　2588-1760 (日) 　　　　　2735-3643 (夜)	裕隆飛羚 8 年　67432 公里 寶藍色 57000 元 洽蔡先生　2999-1636

1. 福特全壘打車子有幾年的車齡了？
2. 如果現在是下午三點，請問你還需等幾小時才可以打電話詢問關於福特全壘打車子的事宜？
3. 三菱車較貴或是嘉年華車較貴？貴多少錢呢？
4. 小林存了 41500 元，請問他還要存多少錢才可以買裕隆 2000c.c.的車呢？
5. 大慶金美滿的車子比嘉年華的車子多了幾年車齡？
6. 裕隆 2000c.c.的里程數比裕隆飛羚的里程數多出幾公里？
7. 裕隆飛羚的車齡是幾年呢？如果從現在起再過四年裕隆飛羚的車齡將是多少呢？
8. 如果現在是下午五點半，那你將可以打幾通電話詢問車子的事情呢？

9. 小強答應以 67500 元買下裕隆 2000c.c.，而小彬則答應以 68300 元買下它，請問小彬比小強多出了多少錢來買這輛車？

10. 小芳存了 90000 元，但她需扣掉 15000 元做為保險費，請問剩下的錢小芳可選擇什麼車呢？

11. 大慶的車比嘉年華的車貴多少錢呢？

12. 如果福特的里程數比裕隆飛羚的多出 150 公里，那麼福特的車還需再開幾公里呢？

13. 小蕙買了裕隆飛羚，每個月她都會開 1500 公里，請問 8 個月後車上的里程數將是多少？

14. 至穎買了裕隆 2000c.c.的車子，他還需要 2000 元來登記車子、18500 元做為保險費以及 2500 元買牌照，請問他共需花費多少錢來買這輛車以及償付其他的費用？

答案：1. 用使用本教材的那一年減去 1976 年

2. 2 小時

3. 嘉年華較貴，貴 4500 元　　4. 32500 元

5. 1 年　　6. 19400 公里

7. 8 年，12 年　　8. 3 通

9. 800 元

10. 除了福特全壘打外，其餘各種車均可選購

11. 10700 元　　12. 22582 公里

13. 12000 公里　　14. 97000 元

單元 149

底片專賣店

底片專賣店價目表如下：			
底　片	原　價	拍賣價	每卷沖洗費
彩色　24 張	75 元	65 元	45 元
36 張	105 元	98 元	45 元
黑白　24 張	85 元	76 元	70 元
36 張	130 元	115 元	70 元
幻燈片 36 張	195 元	170 元	80 元

1. 請問哪一種底片的原價最貴？如果你是在拍賣時買下它的，請問可省下多少錢呢？
2. 王太太買了 2 卷 24 張的彩色軟片、3 卷 36 張的彩色軟片以及 5 卷 24 張的黑白底片，請問王太太共買了幾卷彩色軟片呢？
3. 方先生到店裡領取 3 卷已沖洗過的彩色幻燈片，每 1 卷有 36 張，其中的 4 張不幸曝光了，請問方先生共取走了幾張幻燈片呢？
4. 小琦帶了 5 卷 36 張的彩色底片去旅行，她在海邊照了 2 卷，山上也用了 2 卷，另 1 卷用於生日舞會上，如果她在海邊照的相片只有 2 張沒有沖洗成功，請問小琦共有幾張在海邊照的相片呢？
5. 小玉買了 1 卷拍賣價的幻燈片及 1 卷拍賣價的 24 張黑白底片，另外她又沖洗了 1 卷 36 張的彩色底片，請問她共花了多少錢在這家店呢？
6. 小琦在拍賣時買了 2 卷 24 張的彩色底片，請問她可比原價購買時省下多少錢呢？
7. 小莉用 500 元買了 1 卷 36 張的黑白底片以及沖洗了 1 卷幻燈片，請問小莉還剩下多少錢呢？

8. 小真原有 1000 元，買了一些東西後還剩下 233 元，請問小真買了多少錢的東西呢？

9. 小麥原有 250 元，他付完 170 元沖洗照片的錢之後，請問以他剩下的錢他可以買到什麼樣的原價底片？

10. 小莉有 152 元，但她需還給她的姊姊 34 元，請問小莉還剩下多少錢？可以買拍賣的底片嗎？

11. 如果你在拍賣時每一種底片都各買一卷，請問你可以省多少錢呢？

12. 小黛買了 625 元的底片，如果小黛以 1 張 500 元及 2 張 100 元來付帳，請問店員將找給她幾個 10 元和幾個 5 元？

答案：

1. 幻燈片，25 元
2. 5 卷
3. 104 張
4. 70 張
5. 291 元
6. 20 元
7. 305 元
8. 767 元
9. 彩色底片 24 張
10. 118 元，可以
11. 66 元
12. 7 個 10 元，1 個 5 元

單元 150

禮品專賣店

一支湯匙 95 元

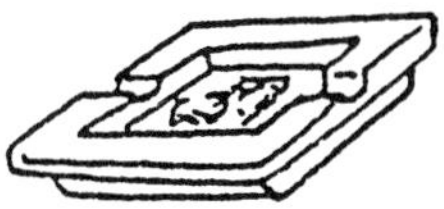

一個煙灰缸 155 元

一個盤子 290 元

一個馬克杯 150 元

一張海報 100 元

一支鋼筆 250 元

1. 請問禮品店中共出售幾種物品呢？
2. 海報被存放在 10 個大箱子中，每個箱子都有 4 張海報。如果其中的 25 張張貼在櫥窗上，其餘的都掛在店裡，請問箱子中共有幾張海報呢？
3. 上週許先生賣出 18 個馬克杯後還剩下 50 個，若本週他也賣出相同數目的馬克杯，請問他還剩有幾個馬克杯尚未售出？
4. 許太太打算展示店裡的物品，所以她將所有的盤子排成 5 排，每排 19 個，請問共有幾個盤子被展示出來？
5. 如果小雅對櫥窗中的第三和第四種物品都各買了 2 樣，並又各買了 3 樣剩下的東西，請問小雅共買了幾樣東西呢？
6. 吳太太有 6 個孫子，如果她決定各為每一個孫子買 3 張海報和 4 枝鋼筆，請問吳太太共需買幾枝鋼筆呢？

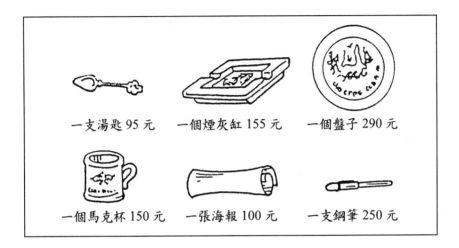

7. 小雅有 5 個兄弟和 3 個姊妹，若她決定為他們各買 3 支湯匙，請問小雅共為女士們買了幾支湯匙呢？
8. 店裡頭最貴的東西是什麼？它比最便宜的東西貴了多少錢呢？
9. 小尚買了一支湯匙及一個盤子給他的媽媽，另外他又買了一個煙灰缸及一個馬克杯給他的爸爸，請問小尚共花了多少錢買禮物給他的爸爸呢？
10. 小序有 500 元，如果她想買 3 種不同的禮物，請問小序可以買些什麼東西呢？
11. 有朋買了一個煙灰缸和一隻鋼筆，如果他原有 4 張 100 元、2 張 50 元的紙幣、5 個 10 元及 8 個 1 元的硬幣，請問他需給店員什麼樣面額的錢才不需要再找錢呢？

答案：
1. 6 種
2. 40 張
3. 16 個
4. 95 個
5. 16 樣
6. 24 枝
7. 9 支
8. 盤子，195 元
9. 305 元
10. （教師自行判斷）
11. 4 張 100 元和 5 個 1 元

單元 151

電話號碼

發話號碼	月	日	受話地區	受話號碼	應收話費	合計
23568901	07	05	高雄	5310708	196 元	
23568901	07	11	台北	29316632	48 元	
23568901	07	20	台北	29316632	151 元	
23568901	07	23	高雄	5310708	101 元	
23568901	07	31	嘉義	3867531	33 元	
23568901	07	31	台南	2571514	221 元	750 元
國內合計	750 元	國際合計	0 元	國內、國際合計	750 元	

1. 這是弘毅的電話帳單，如果他每個月都打一樣多通的電話，請問一年後弘毅共將打幾通電話呢？
2. 上個月的電話費比這個月貴了 35 元，請問上個月的電話費是多少呢？
3. 請問弘毅打到台北的電話比打到嘉義的多了幾通？
4. 請問弘毅打到高雄的電話共打了多少錢呢？
5. 如果上個月弘毅打到高雄的五通電話費是 480 元，請問這個月他打到高雄的電話費減少了多少呢？
6. 如果打到台北的電話費共需 199 元，請問不是打到台北的電話費共是多少呢？
7. 如果弘毅現在只有 685 元，請問弘毅還需多少錢才夠付電話帳單呢？
8. 請問第一通打往高雄的電話和打往嘉義的電話相隔幾天呢？
9. 如果弘毅所有打往高雄及台南的電話都由公司付費，請問弘毅自己需付多少錢呢？
10. 弘毅在付完電話帳單之後還剩下 63 元，請問他原先有多少錢呢？

答案： *1*. 72 通　　*2*. 785 元
3. 1 通　　*4*. 297 元
5. 183 元　　*6*. 551 元
7. 65 元　　*8*. 16 天
9. 232 元　　*10*. 813 元

單元 152

便利商店

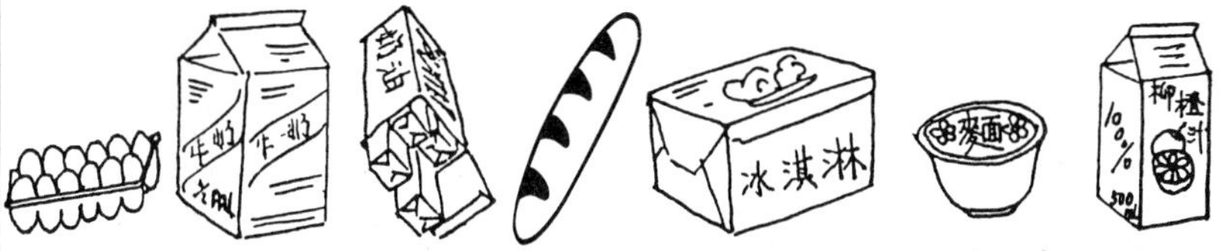

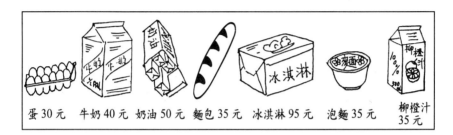

蛋 30 元　牛奶 40 元　奶油 50 元　麵包 35 元　冰淇淋 95 元　泡麵 35 元　柳橙汁 35 元

1. 一條麵包較貴或是一瓶牛奶較貴？貴多少？
2. 一盒蛋較便宜或是一瓶牛奶較便宜？便宜多少？
3. 若小琪買了 2 盒蛋及 3 瓶牛奶，請問她共花了多少錢呢？
4. 劉太太買了兩碗泡麵及一條麵包，而王太太買了三罐冰的柳橙汁及一盒奶油，請問誰花的錢較多？多多少？
5. 嚴太太買了一盒蛋、一盒冰淇淋及兩條麵包，如果她有一張 35 元的麵包折價券，請問她共需付多少錢呢？
6. 請問三盒奶油及一瓶牛奶共需多少錢？如果你付了 500 元，請問可找回多少錢呢？
7. 小依用 100 元買了一條麵包，請問她可找回多少錢呢？
8. 如果小萍有 125 元，那麼這些錢是否夠她買一條麵包和一碗泡麵呢？
9. 小依付 500 元買了一條麵包和一瓶牛奶，請問她可找回多少錢呢？
10. 丹妮有 200 元，請問她可購買哪些物品呢？
11. 小娜有 2 張 100 元紙幣、3 個 50 元、4 個 10 元及 1 個 5 元的硬幣，而她買了一碗泡麵、兩瓶冰的柳橙汁，請問她該給店員什麼樣的幣值才不須再找錢呢？

12. 小愛共花了 135 元，但她給店員 200 元，如果店員只有 2 個 50 元和 4 個 5 元，請問他需找給小愛什麼樣的零錢呢？

答案：

1. 牛奶較貴，貴 5 元

2. 一盒蛋較便宜，便宜 10 元

3. 180 元

4. 王太太花的錢較多，多 50 元

5. 160 元

6. 190 元，310 元

7. 65 元

8. 足夠

9. 425 元

10. 開放答案，只要合理即可

11. 1 張 100 元紙幣及 1 個 5 元硬幣

12. 1 個 50 元和 3 個 5 元

單元 153

游泳器材專賣店

泳帽一頂：150 元

泳褲：200 元

游泳衣：990 元

特價袋（泳褲、蛙鏡及泳帽）：750 元

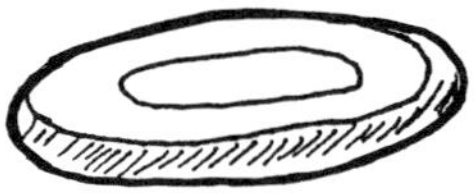

泳圈：80 元

蛙鏡一付：425 元

游泳課：

一小時（團體）：250 元

一小時（個人）：500 元

1. 小貝和小麥決定參加為期一週的個人游泳課，如果他們不需租借任何用具，請問他們共需花費多少錢呢？

2. 小蘇有自己的泳衣，但還需再購買蛙鏡和泳帽，另外她也需要再上一小時的團體游泳課，請問小蘇共需花費多少錢？

3. 小節想要買特價的游泳裝備，並上一堂游泳課，但他只有 1000 元，請問他可以選擇何種課程來上呢？他還會剩下多少錢呢？

4. 安安有 1000 元，她想買泳帽及蛙鏡，請問安安將剩下多少錢呢？

5. 小史和東東各買了泳褲及泳圈，而且都上了一天的團體游泳課，請問小史究竟花了多少錢？

6. 小陶有 800 元，請問這些錢夠不夠他去買泳圈和泳帽，並且上一堂團體的游泳課？如果夠，請問他還會剩下多少錢呢？

7. 王先生帶著全家到游泳池去游泳，其中一個小孩買了一件泳褲，另一個買了一頂泳帽，而且兩個小孩還各自上了一堂團體的游泳課，請問王先生需花多少費用來買游泳器材呢？

8. 小安和小比在一個打折的日子相約去學游泳，他們各買到比平時便宜50元的蛙鏡，另外也各上了一堂特價150元的團體游泳課，請問他們倆共花了多少錢呢？

9. 小馬花了625元買游泳褲並找回了375元，請問他原先付多少錢給店員呢？

10. 小利在給了店員1000元之後又找回了575元，請問小利究竟買了多少錢的東西呢？

11. 亨利一個月必須補貨一次，十二月他原有35件游泳衣、46件泳褲和53副的蛙鏡，一月他補進了37件的游泳衣，請問亨利一月份共有幾件游泳的用品呢？

答案：

1. 7000元	2. 825元
3. 團體課，沒有剩錢	4. 425元
5. 530元	6. 夠，剩320元
7. 350元	8. 1050元
9. 1000元	10. 425元
11. 171件	

單元 154

售票處

室內樂團演奏會	900 元
鋼琴演奏會	250 元
明星演唱會	500 元
國樂演奏會	650 元

1. 請問哪一種票最貴？而最貴的和最便宜的票相差幾元？
2. 小庭存了三星期的零用錢共 460 元來買國樂演奏會的票，請問小庭還要存多少錢才夠買這種票呢？
3. 黃先生在第 16、18 和 12 區各買了 27 張明星演唱會的票，請問他共買了幾張票？
4. 小思各買了一張室內樂團演奏會及明星演唱會的票，小佩買了一張國樂演奏會的票及兩張鋼琴演奏會的票，請問誰花的錢較多？多了多少？
5. 小傑各買了一張鋼琴演奏及明星演唱的票，請問他花了多少錢？
6. 吳先生付了 500 元買票，結果找回 250 元，請問吳先生買的是哪一種票？
7. 星期一室內樂團演奏會的票舉行優待拍賣，結果售出 147 張票，還剩下 38 張，請問原有幾張室內樂團演奏會的票呢？
8. 有 350 個人在下午八點到達並觀賞明星演唱會，後來全場增加到 923 個人，請問八點後共有幾個人來觀賞表演？
9. 啟文付了 1000 元來買室內樂團演奏會的票，請問他可找回多少錢呢？
10. 啟文在生日那一天得到 1000 元做為生日禮物，請問用這些錢他最多可以看到什麼樣的表演呢？

11. 文堯打算送給他的四個兄弟姊妹，小寶、明惠、耀祖和庭麗各一份耶誕禮物，結果小寶得到一張鋼琴演奏會的票、明惠得到一張國樂演奏會的票，而另外兩個兄妹則各得一張明星演唱會的票，請問文堯共花了多少錢買票送給他的兄弟姊妹？

12. 江先生買了 2 張鋼琴演奏會的票給他的兒子，請問需多少錢？如果他付了 1000 元，請問可找回多少錢呢？

答案： 1. 室內樂團演奏會，相差 650 元

2. 190 元　　3. 81 張

4. 小思，多 250 元　　5. 750 元

6. 鋼琴演奏會　　7. 185 張

8. 573 人　　9. 100 元

10. 室內樂團演奏會或鋼琴演奏會及國樂演奏會

11. 1900 元　　12. 500 元，500 元

單元 155

唱片行

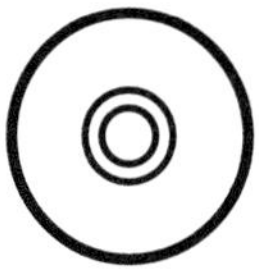   

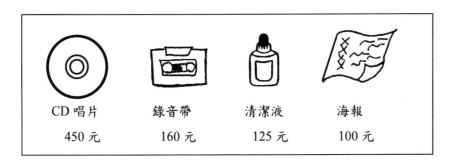

CD 唱片	錄音帶	清潔液	海報
450 元	160 元	125 元	100 元

1. 育豪在唱片行裡看到了 14 排 CD 唱片，每排都有 3 張 CD 唱片，請問共有幾張 CD 唱片呢？

2. 小真買了 2 盒清潔液，每一盒都有 8 瓶的清潔液，請問小真共買了幾瓶清潔液呢？

3. 凱芳買了 2 套 CD 唱片，而每套 CD 唱片裡都各有 2 張 CD 唱片，請問凱芳共買了幾張 CD 唱片呢？

4. 夏太太買了 2 卷兒歌錄音帶給她的小孩聽，錄音帶的每一面都各有 6 首歌，請問她的小孩可以聽到幾首歌呢？

5. 小琳將她所有的錄音帶分成 2 堆，如果每堆有 10 卷錄音帶，請問小琳共有幾卷錄音帶呢？

6. 小華將他的清潔液分送給 7 個朋友，如果每個朋友都分到了 2 瓶，請問小華共有幾瓶清潔液呢？

7. 小方買了 3 張海報，小玲也買了 2 張海報，而每張海報上都有 3 首詩，請問共有多少首詩在他們買的海報上？

8. 小倩買了 5 張 CD 唱片，每張唱片都錄了 2 首單曲，而小惠也買了 2

張 CD 唱片，但只收錄 1 首單曲，請問小倩和小惠的 CD 唱片裡共收錄了幾首單曲呢？

9. 假如明惠想要買一張錄音帶，而她的妹妹答應幫她付 25 元，請問明惠自己要出多少錢呢？

10. 小真買了 3 盒清潔液，每盒都有 8 小瓶的清潔液，她用掉了其中的 2 小瓶，請問小真還剩幾瓶清潔液呢？

11. 曉育每週存 50 元，共存了 8 週，如果他想要購買一張 CD 唱片，請問他還需要多少錢呢？

12. 小秋買了 2 張海報及一卷 45 分鐘的錄音帶，他給了店員 500 元，請問小秋可以找回多少錢呢？

答案：

1. 42 張	2. 16 瓶
3. 4 張	4. 24 首
5. 20 卷	6. 14 瓶
7. 15 首	8. 12 首
9. 135 元	10. 22 瓶
11. 50 元	12. 140 元

單元 156

西藥房

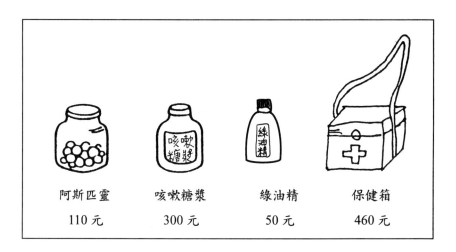

阿斯匹靈	咳嗽糖漿	綠油精	保健箱
110 元	300 元	50 元	460 元

1. 店裡頭有 6 排阿斯匹靈的藥罐子，如果每一排都擺有 3 瓶阿斯匹靈，請問共有幾瓶阿斯匹靈？
2. 店裡頭有 3 排咳嗽糖漿，如果每一排都擺有 7 瓶咳嗽糖漿，請問共有幾瓶咳嗽糖漿？
3. 大牛買了 3 個保健箱，每個箱中都有 5 瓶藥水，請問大牛共買了幾瓶藥水？
4. 小凱買了 4 瓶綠油精，每瓶綠油精都附有 2 張折價卷，請問小凱共有幾張綠油精的折價券？
5. 小勤買綠油精送給他的 4 位朋友，如果每一位都可收到 2 瓶綠油精，請問小勤共買了幾瓶綠油精送給朋友呢？
6. 玉貞買了 3 個保健箱，每個箱中都有 5 瓶藥水，另外小雅也買了 4 個保健箱，請問小雅和玉貞共買了幾瓶藥水呢？

7. 玲珍買了 3 瓶阿斯匹靈，每一瓶都裝有 14 顆阿斯匹靈，另外小勻也買了 1 瓶阿斯匹靈，請問玲珍和小勻共買了幾顆阿斯匹靈呢？

8. 啟信想買一個保健箱，他的姊姊給了他 50 元，請問啟信還需多少錢才夠買一個保健箱呢？

9. 小強的購物袋可容納 10 種物品，若小強買了上圖中的物品各 2 樣，請問小強還可在購物袋中裝幾樣東西呢？

10. 小董這一週和上一週各存了 200 元和 170 元，如果他購買了一瓶咳嗽糖漿和一瓶綠油精，請問他還會剩下多少錢？

11. 小潘買了 7 盒綠油精，每盒裡都有 2 瓶綠油精，且他把其中的 3 瓶送給他最好的朋友，請問小潘還剩下幾瓶綠油精呢？

答案：

1. 18 瓶
2. 21 瓶
3. 15 瓶
4. 8 張
5. 8 瓶
6. 35 瓶
7. 56 顆
8. 410 元
9. 2 樣
10. 20 元
11. 11 瓶

單元 157

T恤專賣店

兒童T恤 175 元　　女士T恤 250 元　　男士T恤 275 元

※加印圖案 50 元

1. 兒童T恤依照紅色、黃色、綠色和藍色分成 4 堆，每一堆裡都有 15 件，請問共有幾件兒童T恤呢？
2. 男士的T恤有四種不同大小的尺寸，小號和中號各有 16 件，而大號和特大號則各有 31 和 18 件，請問男士的T恤共有幾件呢？
3. 女士T恤依顏色不同分成 5 箱，每一箱都有 25 件，請問共有幾件女士的T恤呢？
4. 許太太買了 6 件兒童T恤，其中有 4 件白的、1 件綠的和 1 件藍的，如果不是白色的T恤都需要加印圖案，請問 1 件藍色T恤要多少錢？
5. 吳先生買了 2 件女士T恤和 1 件男士T恤，3 件T恤都是綠色，請問吳先生共花了多少錢？
6. 小潔買了一件紅色有加印圖案的T恤給她的哥哥，以及一件藍色沒有圖案的T恤給他的姊姊，請問誰的T恤較貴？貴多少？
7. 小華有 625 元，想要各買一件白色有加印圖案的男、女T恤，請問他的錢是否夠用呢？如果不夠，請問還需多少錢？

8. 小玲各買了一件白色有加印圖案的及綠色沒加印圖案的兒童T恤，以及一件藍色的女士T恤，請問所有的T恤共需花多少錢？

9. 王先生付 1000 元買了二件T恤，結果找回 425 元，其中一件值 325 元，請問另一件是多少錢呢？

10. 傅先生付了 1000 元並找回 350 元，請問他共花了多少錢呢？

11. 麗心買了二件男士T恤，其中一件有加印圖案，另外又各買了一件女士及兒童T恤，且都加印了圖案，請問她在T恤的加印圖案上共花了多少錢？

12. 小毛各買了一件兒童、女士和男士T恤，都加印了圖案，如果他付了 1000 元，請問他可找回多少錢呢？

答案：

1. 60 件	2. 81 件
3. 125 件	4. 225 元
5. 775 元	6. 哥哥，75 元
7. 剛剛好	8. 650 元
9. 250 元	10. 650 元
11. 150 元	12. 150 元

單元 158

寵物店

1. 小湯的店裡有 36 隻小狗。他（　　）了 18 隻狗給其他的寵物店，結果他還有 18 隻小狗。

①購買　②出售　③注視

2. 小湯有 24 個玩具，其中的 10 個是綠色的。馴獸師（　　）其中的 8 個，小湯還剩下 16 個玩具。

①買了　②看了　③送出了

3. 小湯買了 42 袋的寵物飼料，星期一他用了 16 袋來餵動物，其中的 4 袋是用來餵狗的，小湯星期二（　　）26 袋的飼料。

①吃掉　②剩下　③使用

4. 小蔡有 6500 元，他（　　）一隻價值 2600 元的狗，結果還剩下 3900 元。

①注視　②送人　③買了

5. 小湯的店裡有 35 種寵物點心，其中的 16 種是狗餅乾。他（　　）了其中的 20 種點心，店裡還有 15 種點心。

①賣出　②注視　③保留

6. 小湯放了 24 個蘋果在山羊的籠子裡。山羊吃了其中的 16 個，並（　　）其中的 4 個，目前還剩下 8 個蘋果。

①吃掉　②聞了　③送人

7. 水族箱裡有 87 條魚，有個人買了 46 條金魚，另外有一個人（　　）22 條魚，現在水族箱裡還有 41 條魚。

①觀賞了　②買了　③賣了

8. 小湯有 45 隻小棕狗和 36 隻小花狗，有位女士看了其中的 12 隻小花狗，另一位買了 24 隻（　　）狗，所以小湯還有 21 隻小棕狗及 36 隻小花狗。

①小花　②小白　③小棕

9. 小湯有 75 隻小白鼠和 24 隻小棕鼠，有個男孩（　　）其中的 14 隻小老鼠，小湯現在還有 85 隻老鼠。

①注視　②送人　③買了

10. 昨天有 25 隻天竺鼠及 14 隻小老鼠從籠裡逃出來，後來小湯在後院中找到了其中的 21 隻天竺鼠，所以小湯現在還需要再尋找 18 隻（　　）。

①小老鼠　②動物　③天竺鼠

答案：

1. ②	2. ①
3. ②	4. ③
5. ①	6. ②
7. ①	8. ③
9. ③	10. ②

單元 159

奧林匹克運動會

1. 游泳競賽中，有 14 位美國女游泳選手入圍以及 16 位加拿大的女選手入圍，但只有 13 位進入決賽，請問共有幾位女選手入圍游泳比賽？又有幾位選手不能進入決賽？
2. 美國女子代表隊參加了 15 項比賽，而男子代表隊則參加了 22 項比賽，結果他們共獲得了 5 項金牌，請問男女代表隊共參加了幾項比賽？共有幾項比賽沒得金牌呢？
3. 有 7 位女選手參加 4 項田徑賽，另有 11 位女選手參加 3 項田徑賽。結果有 5 位女選手贏得金牌，請問共有幾位女選手參加田徑賽呢？而又有幾位沒有獲得金牌呢？
4. 美國男子籃球隊於前半場獲得 56 分，後半場得 48 分，而其中的 20 分是罰球得來的，有 18 分是由明星球員獲得的，請問整場球賽共得幾分呢？又有幾分是由非明星球員獲得的？
5. 田徑賽中俄羅斯共贏得 7 面金牌、8 面銀牌以及 14 面銅牌，其中的 3 面金牌是由女選手獲得，有 5 面獎牌是擲標槍獲得的，請問田徑賽中俄羅斯共獲得幾面獎牌？並有幾面獎牌不是由擲標槍獲得的？
6. 在跳水競賽中，小玉跳了 20 次，其中的 8 次她得了 8.5 分，有 2 次前空翻的跳躍她得 10 分，有 3 次後空翻的跳躍她得 10 分，請問共有幾次跳躍她得 10 分？有幾次跳躍她沒得 10 分？
7. 小莎每天在早餐前跑 25 圈操場，並於午餐後再跑 37 圈，這個星期一小莎跑的圈數中有 17 圈少於 1 分鐘，請問小莎每天跑幾圈操場？星期一有幾圈是多於一分鐘的？
8. 有來自歐洲及非洲 15 個和 24 個國家的選手參加這次的奧運，其中有

19 個國家的選手入圍跳水比賽，請問有幾個參賽國沒有選手入圍跳水比賽？

9. 小方各在星期一及星期二打了 25 回合及 17 回合的拳賽，他贏了其中的 14 回合、擊倒對手 8 次，請問小方共輸了幾場比賽呢？

10. 小林在五月的第一個星期參加了 85 個小時的障礙賽訓練，然後在剩下的三個星期參加每週 18 個小時的練習，如果其中最困難的課程共有 96 小時，請問有幾個小時的課程不是最困難的？

答案：
1. 30 位，17 位
2. 37 項，32 項
3. 18 位，13 位
4. 104 分，86 分
5. 29 面，24 面
6. 5 次，15 次
7. 62 圈，45 圈
8. 20 個
9. 28 場
10. 43 小時

單元 160

墾丁公園

1. 王家打算到離家 488 公里遠的墾丁公園去渡假，結果王先生開了 121 公里的路程之後就停下來吃午餐，午餐後再繼續開 230 公里，請問王先生共開了幾公里的路程？還需再開幾公里才會到達目的地呢？

2. 小安計畫到離家 927 公里的地方渡假，結果飛機飛了 364 公里之後停下來加油，然後再飛了 287 公里之後，又因天氣不好必須降落，請問飛機究竟飛了幾公里呢？還需飛幾公里才可到達目的地？

3. 墾丁公園有 487 個可搭帳棚的營地，有一天早上八點，共有 153 個營地已被占用了，後來又有 224 個營地被占用，請問這一天共有幾個營地被占用？還有幾個空營地呢？

4. 公園裡有 687 個人，其中有 242 個人待在拖車裡，另有 141 個人待在租的車廂裡，而車廂中的人有 72 個是小孩，其餘是大人，其他的人都留在帳棚裡面，請問有幾個人是待在拖車或租的車廂中？又有幾個人待在帳棚裡呢？

5. 今年有 283 棵樹需修剪，六月及七月各修剪了 49 棵和 127 棵樹，其餘的將於八月再修剪，請問六、七兩月共修剪了幾棵樹呢？八月又需修剪幾棵呢？

6. 公園中有 46 公里長的步道，有一天王先生從其中一端開始走了 28 公里，第二天又從另一端開始走了 15 公里，請問王先生共走了幾公里呢？還有幾公里沒走到呢？

7. 公園管理員一年需住在公園裡面 289 天，五月底前他住了 96 天，而六、七、八三個月共住了 62 天，如果他打算九月份到別處去渡假 21 天，請問到現在為止管理員已經住在公園裡幾天了？他還需要再住幾

天才合乎規定呢？

8. 馬戲表演有 600 張預售票，售票員共賣出 198 張兒童票及 389 張成人票，且其中有 57 個兒童是單獨前往無家長陪伴的，請問還有幾張預售票呢？
9. 林管理員每個月需花 342 個小時來巡查公園的安全性，在六月的第一、第二個星期，各花 86 及 142 個小時來注意安全，請問六月他需再花幾個小時巡查公園呢？
10. 王先生花了 3 天到花蓮各地玩，他一共開了 843 公里的路程，其中第一、二天他各開了 300 以及 247 公里，請問第三天他開了幾公里呢？

答案：
1. 351 公里，137 公里
2. 651 公里，276 公里
3. 377 個，110 個
4. 383 人，304 人
5. 176 棵，107 棵
6. 43 公里，3 公里
7. 158 天，131 天
8. 13 張
9. 114 小時
10. 296 公里

單元 161

小林唱片行

1. 小林上週各賣出 145 張及 137 張排行第一和第二名的 CD 唱片，而排行第十名的 CD 片比第一和第二名的總和少賣了 103 張。請問第一、二名的總銷售量是多少？第十名的銷售量又是多少？
2. 小林打算拍賣錄音帶，他展示了 118 卷六十分鐘的錄音帶及 215 卷九十分鐘錄音帶，結果他賣出了 104 卷錄音帶。請問小林原有幾卷錄音帶？拍賣後還剩下幾卷呢？
3. 小偉到小林店裡買了 315 卷六十分鐘的錄音帶及 461 卷九十分鐘的錄音帶，另外他也買了比錄音帶還少 143 張的 CD 唱片，請問小偉共買了幾卷錄音帶？幾張 CD 唱片呢？
4. 小林的店在水災時被水淹了，要拍賣 224 台單卡的錄音機和 108 台雙卡的錄音機，以及比錄音機少 103 台的 CD，請問小林共拍賣幾台錄音機？共拍賣幾台 CD 呢？
5. 小林星期一、二各儲存了 156 張和 341 張搖滾樂的 CD 唱片，他的西部鄉村歌曲 CD 唱片比全部搖滾 CD 唱片少了 121 張，請問他共儲存幾張搖滾樂 CD 唱片？幾張西部鄉村樂曲 CD 唱片？
6. 小林賣出 185 張黑白及 283 張彩色的男士海報，如果女士的海報比男士海報少賣了 139 張，請問小林共賣出幾張女士的海報呢？
7. 為了促銷，小林舉辦了一次摸彩，他各於星期一的早上及下午賣出 641 及 212 張票，而星期二比星期一少賣了 296 張票，請問小林星期二賣出幾張票？
8. 摸彩會中第一、二獎的各有 182 及 287 個人，得第三獎的人比得第一、二獎的人少了 185 個，請問共有幾個人得第三獎呢？

9. 小林六月賣出的音響比七、八月少了 189 台，若七、八月各賣出 553 及 124 台音響，請問六月究竟賣出了幾台音響呢？

10. 在小林店裡各有排行第一、第二的 CD 唱片 87 和 95 張，排行第三的 CD 唱片又比第一、二名的總和少了 105 張，請問第三名的 CD 共有幾張？

答案：

1. 282 張，179 張
2. 333 卷，229 卷
3. 776 卷，633 張
4. 332 台，229 台
5. 497 張，376 張
6. 329 張
7. 557 張
8. 284 人
9. 488 台
10. 77 張

單元 162

玩具小王國

1. 小強有 136 個彈珠，但在星期六遺失了 25 個，請問他現在剩下幾個彈珠呢？
2. 小琦做了 427 個小黏土球，如果她賣給小蘇 85 個小黏土球及 76 朵小花，請問小琦現在還有幾個小黏土球呢？
3. 小莎和甜甜各買了 117 及 206 個積木，後來甜甜賣給小強 64 個積木，請問小莎和甜甜一共剩下幾個積木呢？
4. 王太太和王先生各有 643 及 421 個花片，洪太太也有 212 個花片，如果王太太賣掉了 67 片，請問女士們最後剩下幾個花片呢？
5. 小湯有 168 輛小汽車，小偉弄壞了 74 輛小汽車，後來小真拿了 37 個小房屋模型來玩，請問小湯還剩下幾輛小汽車呢？
6. 小湯有 196 個機器人，小強有 342 個機器人，小湯弄壞了 103 個機器人，請問小湯還有幾個機器人呢？
7. 小林有 137 本故事書，賣出了 103 本，請問還剩幾本故事書呢？
8. 小美有 345 個大玻璃娃娃，她打壞了 137 個大玻璃娃娃及 215 個小玻璃娃娃，請問她剩下幾個大玻璃娃娃呢？
9. 小強買了 682 隻玩具熊和 395 隻玩具狗，小美只買了 321 隻玩具狗，如果小強賣了其中的 143 隻玩具熊，請問小強還剩下幾隻玩具熊呢？
10. 小強有紅、藍拼圖共 776 個，他賣出了 124 個紅色及 215 個藍色拼圖，請問小強還剩下幾個拼圖？
11. 小明和小芬各有 872 及 421 支玩具手槍，小明賣出了 515 支玩具手槍，請問小明還有幾支玩具手槍呢？
12. 小泰各有大、小恐龍玩具 315 和 482 個，如果他賣出了 185 個小恐龍玩具，請問小泰還有幾個恐龍玩具呢？

答案：

1. 111 個	*2.* 342 個
3. 259 個	*4.* 788 個
5. 94 輛	*6.* 93 個
7. 34 本	*8.* 208 個
9. 539 隻	*10.* 437 個
11. 357 支	*12.* 612 個

單元 163

音樂會

1. 去年夏天在台北及高雄各有 85 及 43 場的流行歌曲音樂會，如果台北及高雄的每一場音樂會都各有 716 及 428 個人參加，請問有多少人參加台北的音樂會？有多少人參加高雄的音樂會呢？共有多少人參加這兩個城市的音樂會呢？
2. 民俗音樂會場有 24 區，每區有 98 個位子，而流行音樂會場則有 36 區，每區有 110 個位子，請問民俗會場共有幾個位子，而流行會場又有幾個位子？哪一種會場的位子較多？多幾個？
3. 音樂會場有 3 個停車場，甲、乙、丙三區各可停 46、22 及 36 排車，而每排可停 25 輛車，請問三個停車場共可停幾排車？共可停幾輛車呢？
4. 有個名合唱樂團到各地巡迴表演 6 個月，各於南台灣、北部的 20 及 35 個鄉鎮縣市演出，如果每個鄉鎮縣市都有 857 個人參加，請問此合唱樂團共在幾個鄉鎮縣市表演？共有多少人參加？
5. 六、七月的 36 及 21 場音樂會中，每一場各有 127 及 248 位警察維持秩序，請問六月的音樂會中共有幾位警察呢？而七月呢？哪一月較多？多多少？
6. 有 62 家唱片行在出售音樂會特價票，每家出售 42 張票，請問共有幾張特價票在出售呢？
7. 從北部及中南部各來了 12 及 16 輛雙層大巴士，如果每輛車都載有 62 個人，請問共有多少人來參加音樂會呢？
8. 去年共有 73 場音樂會，每場都各有 65 首快歌及 37 首慢歌，而每一場都有 352 個人來參加，請問每一場都有幾首歌？73 場音樂會共有多少首歌？

答案：*1.* 60860 人，18404 人，79264 人

2. 民俗音樂會場有 2352 個位子、流行音樂會場有 3960 個位子，流行音樂會場位子較多，多 1680 個位子

3. 104 排，2600 輛

4. 55 個，47135 人

5. 4572 位，5208 位，七月較多，多 636 人

6. 2604 張

7. 1736 人

8. 102 首，7446 首

單元 164

傢俱

1. 小吉和小真合租了一間有 2 個房間的公寓，每個房間裡面都有 6 件傢俱，請問這間公寓共有幾件傢俱呢？
2. 小真星期一、二、三各去參觀了 15 家傢俱店，請問小真共參觀了幾家傢俱店呢？
3. 小真登了 6 天廣告要賣舊傢俱，第一天接到了 45 通詢問電話，之後每天都只有 3 通電話，請問第一天之後小真共接到了幾通電話呢？
4. 星期日、星期一的報紙上都各有 16 和 18 則有關賣舊電視的廣告，結果小偉星期二跑去看了其中的 25 台，請問有幾台廣告中的電視是小偉沒跑去看的呢？
5. 有一張沙發要賣 15000 元，而沙發床則要賣 18700 元，請問沙發床比沙發貴多少錢呢？
6. 小恩買了一張 7500 元的餐桌和一組 8500 元的餐椅，以及一套 19500 元的床組，請問小恩共花了多少錢在不是臥室的傢俱上呢？
7. 小偉在 5 家報紙上各刊登了 3 天的售物廣告，共有 12 個人來看物品，請問小偉的廣告共出現了幾次呢？
8. 小安、小強及小真各買了 2、4 和 5 張的沙發，請問他們共買了幾張沙發呢？
9. 王先生在賣出 25 張沙發後還剩下 12 張，請問他原有幾張沙發呢？
10. 吳先生在買了 12 張椅子之後還需再買 5 張，請問吳先生共需幾張椅子呢？

答案：*1.* 12 件　　*2.* 45 家
3. 15 通　　*4.* 9 台
5. 3700 元　　*6.* 16000 元
7. 15 次　　*8.* 11 張
9. 37 張　　*10.* 17 張

冰淇淋專賣店

雪糕 20 元　　甜筒 25 元　　冰淇淋 30 元　　冰棒 15 元

1. 小王的卡車可裝 15 箱的冰淇淋及 12 箱的水果，每箱冰淇淋中都各有 25 個冰淇淋，請問小王的卡車共裝了幾個冰淇淋呢？
2. 小王各在沙灘及公園賣出 15 及 12 個冰淇淋後，還剩下 15 個冰淇淋，請問小王原有幾個冰淇淋呢？
3. 2 個冰淇淋較貴還是 3 支冰棒較貴？貴多少？
4. 小強只有 25 元，如果他想買四支雪糕及一支冰棒，請問他還需要多少錢呢？
5. 小真有 6 個 10 元、5 個 5 元和 8 個 1 元的硬幣，如果她想要買兩個甜筒及一支雪糕，請問她該如何付錢呢？
6. 小蘇買了一個冰淇淋及一個甜筒，而小真買了兩個冰淇淋，請問誰花了較多的錢？多多少？
7. 小文各有 25 枝冰棒及 15 枝甜筒，他（　　）了其中的 12 枝冰棒，他現在還剩下 13 枝冰棒。

   ①吃掉　②修理　③買
8. 麗心和她的 3 個朋友各分得 2 枝冰棒，請問共有幾枝冰棒呢？
9. 吳奶奶分給她的 8 個孫子每個人兩枝冰棒，請問吳奶奶原有幾枝冰棒呢？

10. 小朱有 100 元，他各買了一枝冰棒、一個甜筒和一個冰淇淋，請問他還剩下多少錢呢？

11. 小恩拿 200 元去買三枝冰棒、一個甜筒和二個冰淇淋，請問他可以找回多少錢呢？

12. 大衛的奶奶給了他 50 元去買冰，請問他剛好可買到哪二樣不同的東西而不必找錢呢？

答案：
1. 375 個
2. 42 個
3. 2 個冰淇淋較貴，貴 15 元
4. 70 元
5. 6 個 10 元及 2 個 5 元
6. 小真，多 5 元
7. ①
8. 8 枝
9. 16 枝
10. 30 元
11. 70 元
12. 雪糕和冰淇淋

單元 166

哪一個比較多？

1. 小倫和小真各吃了$\frac{1}{2}$及$\frac{1}{3}$條香蕉，請問誰吃得比較多？

2. 小峰、小偉及小盈各分得$\frac{1}{4}$、$\frac{1}{2}$及$\frac{1}{5}$個蘋果，請問誰分得最少？

3. 小奇各吃了$\frac{1}{3}$及$\frac{2}{3}$個蘋果當午餐及晚餐，請問小奇哪一餐吃得較多？

4. 小美和小芳各有一個大小相同的三明治，他們各吃了自己的$\frac{2}{4}$和$\frac{1}{2}$個三明治，請問誰吃得多？

5. 小丹和小榮各有$\frac{3}{4}$和$\frac{3}{6}$條的糖果棒，請問誰有較少的糖果棒呢？

6. 小潔給小真$\frac{3}{6}$條的糖果棒，自己保留了$\frac{1}{2}$條，請問誰的糖果棒較多？

7. 小童和小匀各花$\frac{1}{2}$及$\frac{1}{3}$小時做功課，請問誰花較少時間在做功課？

8. 小牛、小偉及小白每天各需走$\frac{4}{9}$、$\frac{6}{9}$和$\frac{3}{9}$公里到學校，請問誰家離學校最遠？而誰家離學校最近？

9. 小畢和小民各畫了一個相同大小的圓圈，如果小畢各將圓的$\frac{4}{12}$和$\frac{5}{12}$塗上橘色及藍色，而小民則各將圓的$\frac{8}{12}$及$\frac{2}{12}$塗上橘色及綠色，誰在圓上塗的橘色部分較少呢？

10. 小包、小王和小林各吃了$\frac{3}{8}$、$\frac{3}{12}$及$\frac{3}{7}$個西瓜，請問誰吃得最少？誰吃得第二多？誰又吃得最多？

11. 小匀各將$\frac{1}{4}$、$\frac{1}{3}$及$\frac{1}{5}$個派放在冰箱、裝在盒子裡及吃掉，請問放在冰箱的派有比吃掉的多嗎？

12. 冬冬有 9 塊蘋果派，小妞吃掉其中的 2 塊，小莉吃掉了 1 塊，冬冬自己也吃掉了 3 塊，請問誰吃掉較少的派呢？

答案：*1.* 小倫　*2.* 小盈

3. 晚餐　*4.* 一樣多

5. 小榮　*6.* 一樣多

7. 小匀　*8.* 小偉，小白

9. 小畢　*10.* 小王，小包，小林

11. 有　*12.* 小莉

單元 167

一部分

1. 如果你把一枝糖果棒分成 3 部分，並且吃掉了其中的 1 部分，請問你吃了幾分之幾的糖果棒呢？
2. 如果你把一塊披薩分成 9 塊，並分給其他的人，結果只剩下 2 塊，請問剩下的部分是原來的幾分之幾？
3. 小美把一張紙分成 4 等分，並把其中的 3 部分塗成藍色，其中的 1 部分塗成綠色，請問有幾分之幾的紙被塗成藍色？
4. 小美打了 12 分鐘的電話給她的家人，其中她和她的姊姊與哥哥各講了 5 分鐘及 2 分鐘，請問她和她的姊姊講了多少時間比例的電話呢？
5. 小席在頭上綁了 5 個髮帶，其中有 3 個是黃色的、1 個是紅色的，請問黃色髮帶占了幾分之幾？
6. 小珊將一條繩子剪成 2 段，其中一段作為跳繩，請問跳繩占整條繩子的幾分之幾？
7. 小茜將三明治分成四等分，並吃了其中一塊，請問這一塊占整個三明治的幾分之幾？
8. 曉明將一個派平均分給他和他的五個朋友，請問每一位都可分到幾分之幾的派呢？
9. 小凱將一大塊蛋糕分成 16 小塊，分別給小明、小海及他自己各 3、2 及 3 小塊，請問小凱自己吃了幾分之幾呢？
10. 小晴花 10 分鐘做功課，其中 3 分鐘是在做加法，另外 7 分鐘是做應用問題，請問有幾分之幾的時間是在做應用問題？
11. 小黛把大蛋糕切成 8 小塊，她的弟弟跟爸爸各吃了 1 及 3 小塊，請問她爸爸共吃了幾分之幾的蛋糕呢？

12. 小凱畫了 2 條線將圓分成 4 等分，他把其中的 1、2 及 1 等分塗上紅色、黃色及藍色，請問有幾分之幾的圓是塗上藍色的？

答案：

1. $\frac{1}{3}$
2. $\frac{2}{9}$
3. $\frac{3}{4}$
4. $\frac{5}{12}$
5. $\frac{3}{5}$
6. $\frac{1}{2}$
7. $\frac{1}{4}$
8. $\frac{1}{6}$
9. $\frac{3}{16}$
10. $\frac{7}{10}$
11. $\frac{3}{8}$
12. $\frac{1}{4}$

單元 168

縫紉課

1. 莎莉一月份花了$\frac{1}{3}$的縫紉課在做圍裙，二月份也花了$\frac{1}{3}$的課堂時間在做圍裙，請問兩個月共花了多少的課堂時間在做圍裙呢？
2. 莎利買了$\frac{1}{8}$尺的綠布要做領帶，又買了$\frac{3}{8}$尺的藍布要做皮帶，請問她共買了幾尺布呢？
3. 小席各用了$\frac{1}{6}$及$\frac{4}{6}$的布料為他爸爸和他自己做領帶，請問他共用了幾分之幾的布在做領帶呢？
4. 王太太各買了$\frac{1}{7}$、$\frac{4}{7}$及$\frac{2}{7}$尺的布來做衣服、窗簾及圍巾，請問她共買了幾尺布呢？
5. 小真星期一、二各完成了衣服的$\frac{1}{8}$及$\frac{3}{8}$，請問兩天共完成了衣服的幾分之幾？
6. 小真各在學校的縫紉箱、家裡的書桌上和家裡的房間找到了$\frac{2}{9}$、$\frac{5}{9}$及$\frac{1}{9}$要做襯衫的布料，請問小真在家裡找到了幾分之幾的布料呢？
7. 小安用了$\frac{3}{8}$尺的布來做手提袋的口袋，用$\frac{2}{8}$尺的布來做手提帶的蝴蝶結，用$\frac{7}{8}$尺的布來做手提袋的內裡，請問他共用了多少布呢？
8. 小慈買了$\frac{31}{8}$尺的布來做窗簾，他又買了$\frac{23}{8}$尺的布來做花邊，請問他共買了多少布呢？
9. 小喬預訂了$\frac{103}{12}$、$\frac{25}{12}$及 5 尺的布來做沙發套、床套及花邊，請問他共訂了幾尺的布呢？

10. 大華需要$\frac{23}{9}$尺布來做他的襯衫，同時又需要$\frac{44}{9}$尺的布料來為小明做襯衫，而他在店裡只能買到3尺的布料，請問大華需要再買幾尺的布料呢？

答案：

1. $\frac{2}{3}$
2. $\frac{1}{2}$或$\frac{4}{8}$尺
3. $\frac{5}{6}$
4. 1尺
5. $\frac{1}{2}$或$\frac{4}{8}$
6. $\frac{2}{3}$或$\frac{6}{9}$
7. $\frac{3}{2}$或$\frac{12}{8}$尺
8. $\frac{27}{4}$或$\frac{54}{8}$尺
9. $15\frac{8}{12}$尺或$15\frac{2}{3}$尺
10. $\frac{40}{9}$尺

單元 169

買肉

1. 曉明各買了$\frac{61}{8}$、$\frac{73}{8}$及$\frac{41}{8}$公斤的生牛肉、烤牛肉及豬排，請問他共買了幾公斤的牛肉呢？

2. 王先生買了$\frac{11}{2}$公斤的雞肉及$\frac{21}{2}$公斤的排骨肉，請問他共買了幾公斤肉呢？

3. 王太太各買了$\frac{103}{4}$、$\frac{21}{4}$及$\frac{41}{4}$公斤的冷凍豬腳、火腿沙拉及龍蝦沙拉，請問她共買了幾公斤的沙拉呢？

4. 屠夫切下 150 公斤的牛肉，各做成$\frac{501}{10}$、40 及$\frac{599}{10}$公斤的牛排、漢堡及黑胡椒牛排，請問他共做成了幾公斤牛排呢？

5. 小安各買了$\frac{81}{7}$、$\frac{22}{7}$及$\frac{13}{7}$公斤的火腿、培根及沙拉，請問他共買了幾公斤的肉？

6. 小偉各需要$\frac{31}{4}$、$\frac{11}{4}$及$\frac{22}{4}$公斤的洋蔥、大蒜及牛肉來做蔥爆牛肉，請問他共需幾公斤的食物呢？

7. 小林各於星期一及二收到$\frac{651}{2}$及$\frac{721}{2}$公斤的新鮮牛肉，他出售了其中的$\frac{351}{2}$公斤牛肉給小胖，請問兩天內小林共收到幾公斤的牛肉呢？

8. 小寶一家人各吃了$\frac{11}{9}$及$\frac{23}{9}$公斤的牛肉當午餐及晚餐，請問當天他們家共吃了多少牛肉呢？

9. 小陸在星期四的早上和下午各切了$\frac{61}{10}$及$\frac{44}{10}$公斤的牛肉，他在下午三點前賣出了$\frac{33}{10}$公斤的牛肉，請問小陸星期四共切了幾公斤牛肉？

10. 許太太各買了$\frac{731}{8}$、$\frac{853}{8}$及$\frac{431}{8}$公斤的雞腿、雞翅膀及牛肉請客，請問許太太共買了幾公斤的雞肉呢？

答案：

1. $\frac{67}{4}$公斤

2. 16 公斤

3. $\frac{31}{2}$公斤

4. 110 公斤

5. $\frac{103}{7}$公斤

6. 16 公斤

7. 686 公斤

8. $\frac{34}{9}$公斤

9. $\frac{105}{10}$公斤

10. 198 公斤

單元 170

缺了哪些數

1. 「30」

把2，6，10，12，18分別放入下面的空格裡，使得魔術方塊裡的行、列與對角線上數字的和，都等於30。

4		8
14		
		16

2. 「27」

在下列的空格中，填入適當的數，使得魔術方塊裡的行、列與對角線上數字的和，都等於27。

15		11
7		

3. 「$\frac{27}{16}$」

分數也能填入魔術方塊裡！把$\frac{5}{16}$、$\frac{6}{16}$、$\frac{7}{16}$、$\frac{10}{16}$、$\frac{12}{16}$和$\frac{13}{16}$填入空格裡，使得魔術方塊裡的行、列與對角線上數字的和是$\frac{27}{16}$。

$\frac{11}{16}$	$\frac{9}{16}$	
		$\frac{8}{16}$

4. 「15」

請你用1，2，3，4，5，6，7，8，9填入魔術方塊中，使得各行、列與對角線的數字和都等於15。

＊在以下連串的數字中，填上缺失的數字。

5. 3，8，13，（ ），（ ），（ ），33，（ ），43，（ ），（ ）。

6. 2，5，8，（ ），（ ），（ ），（ ），23，（ ），29，（ ），（ ），（ ）。

7. 2，6，18，（ ），（ ），（ ），（ ），4374。

8. 57，54，51，（ ），（ ），（ ），（ ）。

答案：1.

4	18	8
14	10	6
12	2	16

2.

15	1	11
5	9	13
7	17	3

3.

$\frac{10}{16}$	$\frac{5}{16}$	$\frac{12}{16}$
$\frac{11}{16}$	$\frac{9}{16}$	$\frac{7}{16}$
$\frac{6}{16}$	$\frac{13}{16}$	$\frac{8}{16}$

4.

4	9	2
3	5	7
8	1	6

5. 18，23，28，38，48，53。

6. 11，14，17，20，26，32，35，38。

7. 54，162，486，1458。

8. 48，45，42，39。

單元 171

小安和小強

1. 小安和小強總是一起做事情，有一次當小安講了一個故事的$\frac{3}{4}$後，小強就把剩餘的部分講完，請問小強講了幾分之幾的故事呢？
2. 小安和小強各吃了$\frac{3}{8}$及$\frac{4}{8}$個三明治，請問他們共吃了多少三明治？
3. 小強和小安今早各舖了$\frac{3}{6}$及$\frac{1}{2}$的床，請問誰舖了較多的床呢？
4. 小安和小強各說了$\frac{3}{4}$小時的故事，請問兩人共說了幾小時的故事？
5. 小安和小強各走了$\frac{5}{9}$及$\frac{7}{9}$的路程，請問誰走較遠？
6. 如果小強知道$\frac{3}{4}$住在大樹中的動物名稱，請問有多少住在大樹中動物的名稱是小強不知道的？
7. 小強陪小安走了$\frac{4}{5}$回小安家的路程，請問小安需獨自走多長的路程？
8. 小安和小強各吃了$\frac{3}{5}$及$\frac{1}{5}$個派，請問他們共吃了多少派？
9. 小安和小強各讀了$\frac{3}{8}$及$\frac{3}{5}$的報紙，請問誰讀較少的報紙？
10. 小安在牆上塗上$\frac{3}{9}$的紅色，小強塗上$\frac{2}{9}$的黃色，請問有幾分之幾的牆沒有塗上紅色？

答案：*1.* $\frac{1}{4}$

2. $\frac{7}{8}$個

3. 一樣多

4. $\frac{3}{2}$小時

5. 小強

6. $\frac{1}{4}$

7. $\frac{1}{5}$

8. $\frac{4}{5}$個

9. 小安

10. $\frac{2}{3}$

單元 172

剩下多少？

1. 小傑和小吉各走了$\frac{3}{8}$及$\frac{5}{8}$的山路，請問誰走的山路較遠？遠多少？
2. 小傑和小吉各在晚餐前做了功課的$\frac{6}{9}$和$\frac{3}{9}$，請問小傑比小吉多做了多少功課？
3. 小吉在看電視時把頭髮的$\frac{1}{2}$都捲上髮捲，請問她還有幾分之幾的頭髮沒有上髮捲？
4. 小傑讀了$\frac{7}{12}$本的故事書，請問他還剩下多少沒有讀完？
5. 小傑星期六必須整理完$\frac{5}{10}$個後院，他在星期六的早上整理了$\frac{2}{10}$個後院，請問他還有幾分之幾的後院沒有整理？
6. 小吉分到了$\frac{4}{6}$的糖果棒，但在星期一早上她吃了$\frac{2}{6}$，請問小吉還剩下多少糖果棒沒吃完呢？
7. 小吉粉刷了$\frac{1}{3}$間房間，請問她還剩下多少部分的房間沒有粉刷？
8. 小吉和媽媽各縫製了$\frac{2}{6}$及$\frac{3}{6}$的窗簾，請問小吉的媽媽比小吉多縫製了多少的窗簾呢？
9. 小傑和小吉各看了$\frac{1}{4}$及$\frac{3}{4}$的星期天漫畫專刊，請問小傑有多少部分沒看呢？
10. 小吉和他的爸爸共同打了$\frac{3}{5}$輛車的蠟，而小吉準備將剩餘的部分繼續打完，請問小吉還剩多少部分需要打蠟的呢？

答案：*1.* 小吉，$\frac{1}{4}$ *2.* $\frac{1}{3}$

3. $\frac{1}{2}$ *4.* $\frac{5}{12}$

5. $\frac{3}{10}$ *6.* $\frac{1}{3}$

7. $\frac{2}{3}$ *8.* $\frac{1}{6}$

9. $\frac{3}{4}$ *10.* $\frac{2}{5}$

單元 173

小童和小強

1. 小童和小強一起走了$\frac{1}{3}$的森林步道，但因天色漸暗沒有繼續走完，請問他們還剩下幾分之幾的步道沒有走完？
2. 小童各跳及跑了整個路程的$\frac{1}{5}$和$\frac{2}{5}$，然後走完剩餘的所有路程，請問小童共跑或跳了多少部分的路程？
3. 小童及小強各攜帶了$\frac{5}{10}$及$\frac{1}{2}$部分用來做記號的小石頭，請問誰攜帶較多的石頭？
4. 小童沿途各看到了$\frac{2}{6}$、$\frac{1}{6}$及$\frac{3}{6}$比例的松樹、樟樹及楓樹，請問小童共看到多少比例不是松樹的樹？
5. 小童和小強各背了$\frac{3}{4}$及$\frac{1}{4}$路程的便當，請問誰背便當的路程較長呢？
6. 小強和小童各吃了$\frac{3}{4}$和$\frac{2}{3}$個火腿三明治，以及$\frac{1}{3}$和$\frac{1}{4}$個乳酪三明治，請問他們共吃了多少比例的乳酪三明治？
7. 冰箱裡有一公升的牛奶，小童和小強各喝了$\frac{1}{5}$及$\frac{2}{5}$公升，請問冰箱裡還剩下多少牛奶呢？
8. 小童和小強在路上看到了一間糖果屋，這間糖果屋各有$\frac{1}{5}$及$\frac{3}{5}$是由泡泡糖及餅乾做成的，其餘的部分則由糖果棒做成，請問這個屋子有多少比例是由糖果棒做成的呢？
9. 小童從糖果屋上取下一塊餅乾，並將餅乾的$\frac{3}{6}$給了小強，請問小童自己保留了多少比例的餅乾呢？

10. 小童將一枝木棒放進爐裡去燒，但因木棒太長，結果有$\frac{2}{6}$的木棒伸出爐外，請問有多少比例的木棒在爐內呢？

答案：

1. $\frac{2}{3}$
2. $\frac{3}{5}$
3. 一樣多
4. $\frac{2}{3}$
5. 小童
6. $\frac{7}{12}$
7. $\frac{2}{5}$公升
8. $\frac{1}{5}$
9. $\frac{1}{2}$
10. $\frac{2}{3}$

單元 174

有名的人物

1. 孫悟空和豬八戒各裝滿了$\frac{6}{8}$及$\frac{3}{8}$桶的水，請問誰裝的水較多？多多少？
2. 小甜甜和安東尼各看了$\frac{2}{3}$場及整場的電影，請問小甜甜有幾分之幾的電影沒看完？
3. 包青天在下午五點吃了$\frac{2}{5}$的晚餐，請問包青天還有多少晚餐沒吃完？
4. 美國用了$\frac{1}{6}$的軍隊來防守珍珠港，請問有多少軍隊沒被用來防守珍珠港呢？
5. 白蛇娘娘砍了$\frac{2}{8}$棵楊桃樹，並要求小青蛇砍完其餘的部分，請問小青蛇究竟砍了多少比例的楊桃樹呢？
6. 楊貴妃和唐明皇各吃了$\frac{4}{9}$及$\frac{5}{9}$的牛肉，請問楊貴妃比唐明皇少吃了多少呢？
7. 忍者龜在星期一的晚上讀了$\frac{3}{5}$本故事書給加菲貓聽，又在星期二的晚上讀完剩下的部分，請問忍者龜星期二究竟讀了多少比例的故事書給加菲貓聽呢？
8. 孔子先付了$\frac{4}{6}$的金額當訂金買了一台音響，請問孔子還有多少比例的金額沒有付呢？
9. 白雪公主吃了$\frac{1}{5}$粒的毒蘋果後昏了過去，而小矮人則在她身旁發現了剩下的部分，請問究竟剩下多少比例的毒蘋果呢？

10. 小紅帽和大野狼各騎了$\frac{7}{8}$和$\frac{5}{8}$的路程到台中，而其餘的路程則是用走的，請問小紅帽比大野狼多騎了多少比例的路程呢？

答案：

1. 孫悟空，$\frac{3}{8}$
2. $\frac{1}{3}$
3. $\frac{3}{5}$
4. $\frac{5}{6}$
5. $\frac{3}{4}$
6. $\frac{1}{9}$
7. $\frac{2}{5}$
8. $\frac{1}{3}$
9. $\frac{4}{5}$
10. $\frac{1}{4}$

單元 175

粉刷房間

小艾和小妮決定粉刷他們的臥室，並重新擺設傢俱，他們各有一張床、一個衣櫃及一張桌子。臥室裡有四面牆，其中的一面牆有兩扇窗子，窗子和窗子間有 3 公尺的距離。

小艾預估需要 $2\frac{1}{3}$公升的綠色油漆及$\frac{1}{4}$公升的白色油漆，以及幾捲壁紙（因為有一半的房間需要貼壁紙）。小艾和小妮在午餐前粉刷所有窗戶的一半，午餐後粉刷另外一半。同時小妮於星期五早上貼完$\frac{2}{3}$面牆的壁紙，而小艾則在下午貼完另外的$\frac{1}{3}$。在星期六這天，小艾和小妮各粉刷了$\frac{3}{8}$及$\frac{4}{8}$面牆，最後在星期二之前整個臥室終於整修完成。他們在兩扇窗子間擺了一個衣櫃，且每面牆都有 12 公尺長，而每張床都是 $3\frac{1}{3}$公尺寬。

她們兩個都很滿意房間的佈置與擺設。

1. 如果每扇窗子都有 2 公尺寬，請問從一扇窗的最左邊到另一扇窗的最右邊共有多少距離？
2. 請問這兩位女孩共有幾件傢俱呢？
3. 請問這兩位女孩共買了幾公升的油漆？
4. 請問有幾面牆要貼壁紙？
5. 請問這兩位女孩是不是在一天內就粉刷完所有的窗子？
6. 請問這兩位女孩是不是在一天內就將整個房間貼完壁紙？
7. 請問星期六這天共粉刷了幾分之幾的牆呢？

8. 如果將兩張床邊都放在 12 公尺長的牆角兩邊，請問兩張床中間的距離是多少？

9. 如果衣櫃有$\frac{5}{2}$公尺長，請問它可以放在兩扇窗戶的中間嗎？

10. 如果綠色油漆還需要再增加$\frac{2}{3}$公升，請問共需多少綠油漆？

11. 小妮在用完$\frac{6}{5}$捲的壁紙後還剩下$\frac{2}{3}$捲的壁紙，請問小妮原有多少壁紙呢？

12. 一面牆有 12 公尺長，如果衣櫃占據了半面牆，請問一個 5 公尺長的桌子可不可以也擺在牆邊呢？還會剩下多少空間呢？

答案：

1. 7 公尺
2. 3 件
3. $\frac{31}{12}$公升或 $2\frac{7}{12}$公升
4. 2 面
5. 是
6. 是
7. $\frac{7}{8}$
8. $\frac{16}{3}$或 $5\frac{1}{3}$ 公尺
9. 可以
10. 3 公升
11. $\frac{28}{15}$或 $1\frac{13}{15}$捲
12. 可以，1 公尺

附錄

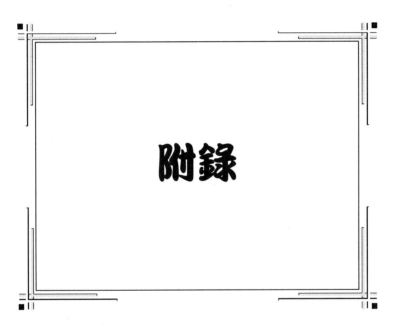

附錄 1 第三階段口語應用問題單元組織一覽表

計算程度	段落式應用問題		故事式應用問題		展示式應用問題		閱讀程度	單元主題
	不進退位	進退位	不進退位	進退位	不進退位	進退位		
一位數加法	21	45-46					簡單	各類
							複雜	
二位數加法	22	47-51					簡單	各類
	23					52	複雜	
	24	53-54					簡單	金錢
							複雜	
三位數或三位數以上加法	25-26	55-57					簡單	各類
							複雜	
		58					簡單	金錢
							複雜	
一位數減法	27-30				1-20		簡單	各類
			31				複雜	
二位數減法	32-37	59-65		66			簡單	各類
						67	複雜	
三位數或以上減法	38-42	68-72					簡單	各類
	43-44	73-77					複雜	

計算程度	段落式應用問題		故事式應用問題		展示式應用問題		閱讀程度	單元主題
	不進退位	進退位	不進退位	進退位	不進退位	進退位		
加減法混合		78-81				82	簡單	各類
		83-84				85	複雜	
						86-90	簡單	各類
						91-92	複雜	
一位數乘法	93-95						簡單	各類
	96-97	98-101		102			複雜	
多位數乘法		103					簡單	各類
		104-113					複雜	
加法減法乘法混合		114-115		123-124		138-139	簡單	各類
		116-122		125-133		140-142	複雜	
				134		143-146	簡單	金錢
				135-137		147-157	複雜	
多步驟解題	158					165	簡單	各類
		159-164					複雜	
分數認識比較	166						簡單	各類
	167-168						複雜	
分數加法							簡單	各類
	169					170	複雜	
分數減法							簡單	各類
	171-174		175				複雜	

附錄 2 段落式應用問題單元

單元 51 小夏的小吃店

1. 小夏在賣出 37 個三明治之後，還剩下 63 個三明治，請問原先他有多少個三明治？
2. 小夏今天做了 17 個新鮮的蛋糕，現在他共有 21 個蛋糕，請問原先他有多少個蛋糕？
3. 陳先生在吃過 5 個包子後，還剩下 8 個包子在盤子上，請問陳先生原先有多少個包子？
4. 小夏在賣給張先生 6 公斤的砂糖和 4 公斤的烤牛肉後，還剩下 29 公斤的砂糖，請問小夏原先有多少公斤的砂糖？
5. 小夏將所有的小黃瓜分成 7 袋，每袋有 4 個小黃瓜，請問小夏共有多少個小黃瓜？
6. 午餐時間坐滿了 5 張桌子，空出了 13 張桌子，而每張桌子坐了 6 個人，請問共有多少張桌子？
7. 小夏買了 17 個新燈後，現在他共有 26 個燈，請問小夏原有多少個燈？
8. 午餐時客人吃了 26 盤沙拉後，還剩下 6 盤沙拉，而小夏下午決定再做 12 盤沙拉，請問午餐前有多少盤沙拉？
9. 苗先生向小夏買了 48 個蛋糕來開舞會，他現在共有 60 個蛋糕，請問他原先有多少個蛋糕？
10. 小夏剛做好了 14 個三明治，現在他共有 51 個三明治，請問他原先有多少個三明治？

---

1. 100 個	2. 4 個	3. 13 個	4. 35 公斤	5. 28 個
6. 18 張	7. 9 個	8. 32 盤	9. 12 個	10. 37 個

單元 129 嘉惠國小

嘉惠國小成立於民國六十五年，第一年有學生 724 人。校地共有 6247 坪，當時的地價，一坪是 2845 元。到了民國七十七年，嘉惠國小的學生總數比民國六十五年增加了 3708 人，教室也增加了 74 間，現在總共有 90 間。依照規定，嘉惠國小每四年便要換一次校長。民國七十七年時嘉惠國小有教師 143 人，連職員共有教職員工 172 人，其中有 15 位自然科教師及 12 位體育教師。每天早上全校師生都要到操場去升旗，每天在學校的時間總共有 9 小時，然後在下午 5 點放學回家。

1. 嘉惠國小開辦到今年有幾年的歷史了？
2. 在民國七十七年該國小共有多少學生？
3. 若現在的地價是每坪 9680 元，那麼每坪漲價多少元？
4. 嘉惠國小剛創立時有多少間教室？
5. 民國七十七年時全校師生共有多少人？
6. 所有教職員工中，既不是自然科老師，也不是體育科老師的有多少人？
7. 若在升旗前，有半小時的晨間自習，那麼小朋友要在幾點鐘以前到校？
8. 嘉惠國小每天早上幾點鐘升旗？

---

1. 以採用本教材教學的那一年減去 65

2. 4432 人　　3. 6835 元　　4. 16 間

5. 4575 人　　6. 145 人　　7. 8 點

8. 8 點半

附錄 4 展示式應用問題單元

單元 146　運動用品店

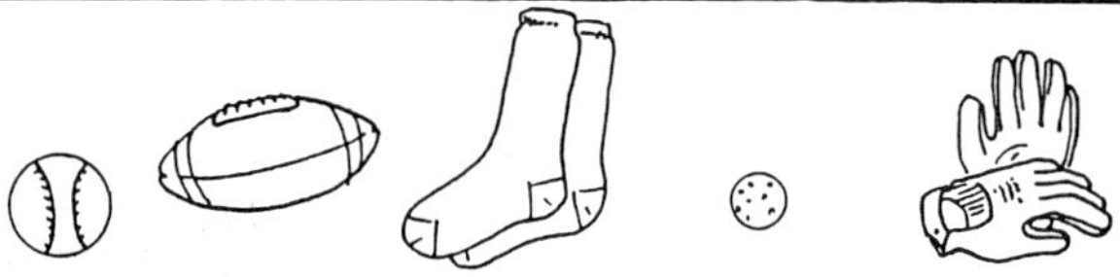

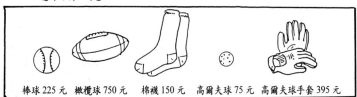

棒球 225 元　橄欖球 750 元　棉襪 150 元　高爾夫球 75 元　高爾夫球手套 395 元

1. 哪些東西的價格少於 100 元呢？

2. 你原有 400 元，如果你購買了一個棒球和一雙棉襪後，請問你還剩下多少錢？

3. 棒球貴或橄欖球貴呢？貴多少？

4. 小丹在買了一雙高爾夫球手套、一雙棉襪和一個高爾夫球之後，仍剩下 480 元，請問他原有多少錢呢？

5. 味全棒球隊買了 24 個棒球及 3 盒棉襪，若每盒中都有 8 雙棉襪，請問共有幾雙棉襪呢？

6. 一個橄欖球比一雙高爾夫球手套貴多少錢呢？

7. 一個高爾夫球比一個棒球便宜多少錢呢？

8. 若你用 1000 元去買一個橄欖球，請問可找回多少錢？

9. 若你用 1000 元去買一個高爾夫球，請問可找回多少錢？

10. 若你有 498 元，請問還需再加幾元才夠你買一個高爾夫球、一雙高爾夫球手套及一個棒球呢？

11. 1000 元可買些什麼東西呢？

12. 小瓊原有 90 元而且每週又存了 100 元，請問他需存幾週才夠買一個橄欖球呢？

---

1. 高爾夫球　*2.* 25 元　*3.* 橄欖球貴，貴 525 元　*4.* 1100 元
5. 24 雙　*6.* 355 元　*7.* 150 元　*8.* 250 元
9. 925 元　*10.* 197 元　*11.* 橄欖球，棒球（有多組答案）*12.* 7 週

附錄5 第三階段口語應用問題單元學習記錄表

學生姓名：　　　　　　　　　評量日期：

1		31		61		91		121		151	
2		32		62		92		122		152	
3		33		63		93		123		153	
4		34		64		94		124		154	
5		35		65		95		125		155	
6		36		66		96		126		156	
7		37		67		97		127		157	
8		38		68		98		128		158	
9		39		69		99		129		159	
10		40		70		100		130		160	
11		41		71		101		131		161	
12		42		72		102		132		162	
13		43		73		103		133		163	
14		44		74		104		134		164	
15		45		75		105		135		165	
16		46		76		106		136		166	
17		47		77		107		137		167	
18		48		78		108		138		168	
19		49		79		109		139		169	
20		50		80		110		140		170	
21		51		81		111		141		171	
22		52		82		112		142		172	
23		53		83		113		143		173	
24		54		84		114		144		174	
25		55		85		115		145		175	
26		56		86		116		146			
27		57		87		117		147			
28		58		88		118		148			
29		59		89		119		149			
30		60		90		120		150			

【若通過題數達該單元總題數的 80 %以上者在空白處打勾。】

永然法律事務所聲明啟事

數學教育 23

口語應用問題教材—第三階段

作　　者：盧台華
執行編輯：陳文玲
執行主編：張毓如
總 編 輯：吳道愉
發 行 人：邱維城
出 版 者：心理出版社股份有限公司
社　　址：台北市和平東路二段 163 號 4 樓
總　　機：(02) 27069505
傳　　真：(02) 23254014
郵　　撥：19293172
E-mail：psychoco@ms15.hinet.net
網址：http://www.psy.com.tw
駐美代表：Lisa Wu
Tel：973 546-5845　Fax：973 546-7651
法律顧問：李永然
登 記 證：局版北市業字第 1372 號
電腦排版：辰皓打字印刷有限公司
印 刷 者：玖進印刷有限公司
初版一刷：2001 年 11 月

定價：新台幣 420 元

ISBN 957-702-474-2

國家圖書館出版品預行編目資料

口語應用問題教材：第三階段 / 盧台華著. --
初版. --臺北市：心理, 2001（民 90）
面；　公分. --　（數學教育；23）

ISBN 957-702-474-2（平裝）

1.數學—教學法

310.3　　　　　　　　　　90017575

讀者意見回函卡

No. ________　　　　　　　　　　　　　　　　填寫日期：　年　月　日

感謝您購買本公司出版品。為提升我們的服務品質，請惠填以下資料寄回本社【或傳眞(02)2325-4014】提供我們出書、修訂及辦活動之參考。您將不定期收到本公司最新出版及活動訊息。謝謝您！

姓名:______________________　性別：1□男 2□女

職業:1□教師 2□學生 3□上班族 4□家庭主婦 5□自由業 6□其他______

學歷:1□博士 2□碩士 3□大學 4□專科 5□高中 6□國中 7□國中以下

服務單位:____________________ 部門:_____________職稱:___________

服務地址:_____________________________電話:_________傳眞: _________

住家地址:_____________________________電話:_________傳眞:_________

電子郵件地址：____

書名：____

一、您認為本書的優點：（可複選）

❶□內容 ❷□文筆 ❸□校對❹□編排❺□封面 ❻□其他_______

二、您認為本書需再加強的地方：（可複選）

❶□內容 ❷□文筆 ❸□校對❹□編排 ❺□封面 ❻□其他______

三、您購買本書的消息來源：（請單選）

❶□本公司 ❷□逛書局⇨______書局 ❸□老師或親友介紹

❹□書展⇨____書展 ❺□心理心雜誌 ❻□書評 ❼□其他_______

四、您希望我們舉辦何種活動：（可複選）

❶□作者演講❷□研習會❸□研討會❹□書展❺□其他__________

五、您購買本書的原因：（可複選）

❶□對主題感興趣 ❷□上課教材⇨課程名稱__________________

❸□舉辦活動 ❹□其他________________　　　　　（請翻頁繼續）

廣　告　回　信
台灣北區郵政管理局登記證
北 台 字 第 8133 號

（免貼郵票）

心理出版社股份有限公司
台北市106和平東路二段163號4樓

TEL:(02)2706-9505
FAX:(02)2325-4014
EMAIL:psychoco@ms15.hinet.net

沿線對折訂好後寄回

六、您希望我們多出版何種類型的書籍

❶□心理❷□輔導❸□教育❹□社工❺□測驗❻□其他

七、如果您是老師，是否有撰寫教科書的計劃：□有□無

書名/課程：＿＿＿＿＿＿＿＿＿＿＿＿＿＿＿＿

八、您教授/修習的課程：

上學期：＿＿＿＿＿＿＿＿＿＿＿＿＿＿＿＿

下學期：＿＿＿＿＿＿＿＿＿＿＿＿＿＿＿＿

進修班：＿＿＿＿＿＿＿＿＿＿＿＿＿＿＿＿

暑　假：＿＿＿＿＿＿＿＿＿＿＿＿＿＿＿＿

寒　假：＿＿＿＿＿＿＿＿＿＿＿＿＿＿＿＿

學分班：＿＿＿＿＿＿＿＿＿＿＿＿＿＿＿＿

九、您的其他意見

＿＿＿＿＿＿＿＿＿＿＿＿＿＿＿＿＿＿＿＿＿＿

謝謝您的指教！　42023